不可不[知的]
海洋生物故事

BUKE BUZHI DE
HAIYANG SHENGWU GUSHI

武鹏程

编著

TUSHUO HAIYANG

图说海洋

世界之大，无奇不有
世界之奇，尽在海洋

海洋出版社
北 京

图书在版编目(CIP)数据

不可不知的海洋生物故事 / 武鹏程编著. — 北京：

海洋出版社，2025. 1. — ISBN 978–7–5210–1371–9

Ⅰ. Q178.53–49

中国国家版本馆CIP数据核字第2024F3H199号

图说海洋

不可不知的
海洋生物故事
BUKE BUZHI DE
HAIYANG SHENGWU GUSHI

总 策 划：刘　斌

责任编辑：刘　斌

责任印制：安　淼

排　　版：海洋计算机图书输出中心　申彪

出版发行：海洋出版社

地　　址：北京市海淀区大慧寺路8号

　　　　　100081

经　　销：新华书店

发 行 部：(010) 62100090

总 编 室：(010) 62100034

网　　址：www.oceanpress.com.cn

承　　印：侨友印刷（河北）有限公司

版　　次：2025年1月第1版

　　　　　2025年1月第1次印刷

开　　本：787mm×1092mm　　1/16

印　　张：10

字　　数：180千字

定　　价：59.00元

本书如有印、装质量问题可与发行部调换

前 言 ▌

　　海洋中有许多神奇的生物，有的长相怪异，有的有独特的生存技能，有的和别的生物形成寄生、共生关系，有的有非常奇妙的爱情故事，有的已经濒危或灭绝，还有的本身就具有一些故事性，它们共同构成了一个奇趣的海洋世界。

　　你知道吗，一条小小的鲱鱼，竟然是荷兰崛起的黄金密码；七鳃鳗，让一位英国国王暴毙；一角鲸成了西方人眼中的独角兽，它的长牙被制成象征王权的权杖。海洋中还有粪便价格堪比黄金的抹香鲸、能影响地球生态环境的樽海鞘、被誉为"蓝血化石"的鲎等。

　　海洋中的很多生物之间还有独特的感情故事，如"是男是女随心所欲"的小丑鱼、象征忠贞爱情的偕老同穴、被深深误解的"爱情鱼"比目鱼，它们无不有令人惊讶的爱情故事。

　　火体虫、大王乌贼、电鳐、霓虹刺鳍鱼、剑鱼、超级耐热虾、叶羊和翻车鱼等则具有独特的生存技能，在海洋中生活时游刃自如。

　　皇带鱼、开口鲨、剑吻鲨、吸血鬼乌贼、钢铁蜗牛、杀人蟹、石头鱼和银鲛则长相怪异；而隐鱼、向导鱼、豆蟹、缩头鱼虱则是著名的寄生或共生生物。

　　海洋中还有许多有名的濒危或灭绝生物，如因人类的贪婪而灭绝的大海雀，日益变得稀少的弓头鲸、苏眉鱼、矛尾鱼等，它们背后的故事则显得沉重与血腥。

本书介绍的这些海洋生物背后都有或有趣、或悲伤、或沉重、或令人惊讶的故事，它们或是为了纪念某个人，或是为了记住某件事，让人们情不自禁地想去了解它们，进而了解海洋，认识海洋，提高海洋意识。

目录

有故事的海洋生物

濒危和灭绝的海洋生物

独特的感情故事

独特的生存技能

独特的长相

神奇的寄生、共生

美味的海鲜

鲱鱼

荷 兰 崛 起 的 黄 金 密 码

鲱鱼看上去很不起眼，但是鲱鱼贸易却使荷兰成为"海上马车夫"，荷兰首都阿姆斯特丹如今就被称为"建在鲱鱼骨头上的城市"，城市中一些古老的房屋上仍可以见到各种鲱鱼的图案。

鲱鱼又称青鱼，为冷温性结群的海洋中上层鱼类和世界重要水产品之一，也是世界上数量最多的鱼类之一。

❖ **鲱鱼**
鲱鱼平时栖息在较深的海域，但在洄游时期会游在大洋表面。鲱鱼成群游动，可以说它是世界上产量最大的鱼类。

古老的鲱鱼

鲱鱼的体长只有18~40厘米，体形侧扁，呈流线型，头小，背鳍与腹鳍相对，通体颜色明亮，背侧呈深蓝金属色，腹侧为银白色。

海洋生物学家认为，鲱鱼是由中生代（2.3亿年—6500万年前）弓鳍鱼类的分支进化而来的，如今鲱鱼依旧保留着原始的特征，如身体上的鱼鳞容易脱落、没有刺的鳍、位于腹位的腹鳍、没有侧线等，这些都与中生代弓鳍鱼的特征一致。

鲱鱼在荷兰是一种文化，深得当地人的喜欢，在荷兰以及欧洲很多国家随处可见鲱鱼图案的工艺品以及雕刻等。

❖ **墙砖上的鲱鱼图案**

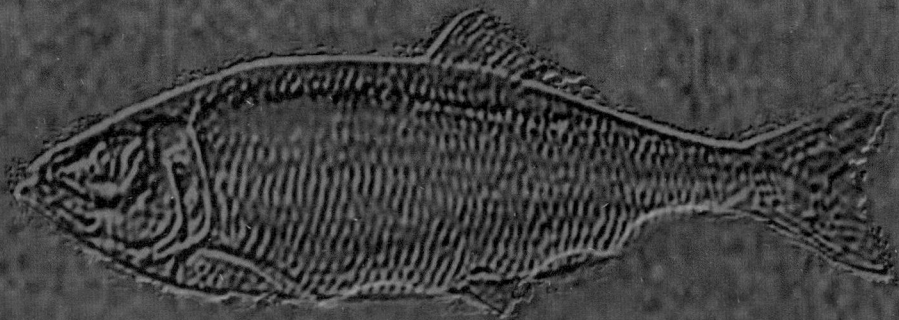

❖ **最标准的吃鲱鱼姿势**

在这张海报中，一位身着荷兰传统服装的女孩抓住一条鱼的尾巴，仰起头，正往嘴里送。这被视为最标准的吃鲱鱼姿势。

巴尔克斯一刀解决了鲱鱼不易保存的问题，他发明的方法很快在荷兰普及，这也使他成为荷兰人心中的英雄。

❖ 巴尔克斯拿着小刀杀鲱鱼

很早就被当成食用鱼

　　大部分鲱鱼是生活在北太平洋或北大西洋的寒带至温带的洄游鱼，有部分种类在淡水中产卵并在海水中生活，也有一些鲱鱼一生都在淡水中生活。

　　鲱鱼从幼鱼至成熟的时间约为 4 年，寿命可达 20 年，因体内脂肪多、营养价值高、鱼群庞大，很早以前就被当成食用鱼，与人类有很密切的关系，尤其是对荷兰在 17 世纪成为"海上马车夫"起了重要的作用。

海里的鲱鱼是一种自然资源，并非荷兰人独有，生活在北海边的其他国家的渔民也有捕捞鲱鱼的权利，为了争夺鲱鱼资源，荷兰人和苏格兰人之间曾经爆发过 3 次战争。

1429 年 2 月 12 日，一支英国补给队向萨福克的军队运送 4 船军需品，正好与一支增援奥尔良的法兰西和苏格兰的联军遭遇。法兰西和苏格兰的联军实力大大优于英军补给队。

在无法逃脱法兰西和苏格兰联军打击的情况下，英军领队约翰·法斯托尔夫爵士用装满咸鲱鱼的车作为掩体，然后躲在掩体内，命长弓手射出漫天箭雨，冲锋的法兰西人和苏格兰人纷纷倒地。在大量杀伤敌人后，英军骑兵上马反攻，敌军仓皇逃遁。

这场战斗因此被称为"鲱鱼之战"，这也是英国长弓手在百年战争中最后的辉煌。

荷兰借助鲱鱼走上强国之路

荷兰地处欧洲，面朝北海，由于洋流的变化规律，每年夏天有大批的鲱鱼洄游到荷兰北部的沿海区域，荷兰人每年可以从北海中捕获超过1万吨以上的鲱鱼。

据资料显示，14世纪时，荷兰的人口不到100万人，当时约有20万人从事捕鱼业，小小的鲱鱼为1/5的荷兰人提供了生计。1386年，荷兰人巴尔克斯发明了"一刀除去鱼肠子"的方法，使鲱鱼更容易保存和运输，整个14世纪，当时并不强大的荷兰借助鲱鱼贸易，开始了商旅生涯。荷

❖ 小船捕捞鲱鱼

兰商人将鲱鱼运到波罗的海沿岸出售，并把这里的谷物，如黑麦和小麦，运到伊比利亚半岛和意大利销售。在荷兰向波罗的海出口鲱鱼的同时，波罗的海地区的谷物也进入地中海市场。出售谷物后提高了收入的波罗的海人又会增加鲱鱼的购买量，这让荷兰的鲱鱼出口收入持续增长。当时的荷兰政府宣称："渔业是共和国的一座金矿。"荷兰依靠鲱鱼贸易积累了第一桶金，而充足的资金也进一步促进了鲱鱼产业的发展。大量的鲱鱼流入欧洲市场，给荷兰带来了源源不断的财富，是荷兰成就"海上马车夫"之名的关键。

到17世纪初，仅北海就有500余艘被称为"鲱鱼公交车"的荷兰大型专业捕鱼船作业，每个捕鱼季节能够收获大约3万吨鲱鱼。时至今日，鲱鱼依旧是荷兰不可或缺的经济支柱之一。

鲱鱼常指大西洋鲱和太平洋鲱；两者一度被认为是两个种，如今认为只是亚种。

"巴尔克斯一刀"攻克了鲱鱼易腐烂的难题，荷兰渔民可以放心地在北海腹地捕捞鲱鱼，起网之后，渔民们就站在甲板上开始加工，一位熟练的渔民每小时可以处理2000条鲱鱼，满载而归之后，又可以把桶装鲱鱼运到内陆，甚至销售到其他国家。

根据统计，1500年，波兰王国的但泽地区进口的鲱鱼有50%是荷兰人销售的，到了1660年，波罗的海地区进口的鲱鱼有82%是荷兰人销售的。

如今，鲱鱼被制作成各种美食，如罐头等销往世界各地。

北极鳕鱼

一 条 有 故 事 的 鱼

　　北极鳕鱼是北极地区重要的经济鱼类之一，自大航海时代起就成为北美殖民者争夺的贸易品。第二次世界大战后，北极鳕鱼更成为英国和冰岛之间战争的导火索，但令人不可思议的是，在三次"鳕鱼战争"中，实力强劲的英国皇家海军竟然接连败在兵力仅有约100人的冰岛海岸警卫队手下。

　　常见的鱼类在-1℃就冻成"冰棒"了，而北极鳕鱼却能在-1.87℃的海域自由生活，这不仅因为其皮下脂肪层厚，使其能抵御极寒，还因为北极鳕鱼的血液中有一种名为抗冻蛋白的化学物质，使冰晶无法沿其表面生长，因此，北极鳕鱼能在极寒中冻不死，而这种抗冻蛋白就是它的"保护神"。

　　北极鳕鱼是典型的冷水性鱼类，分布于整个北极海域，每当温度超过5℃时，即不见它们的踪影。

胃口好得惊人，繁殖力也很惊人

　　北极鳕鱼生活在北极圈附近，是一种中小型鱼类，它们的胃口好得惊人，只要是会动的东西都吃，而且吃得很多，因此，它们在寒冷的北极可谓生长神速，约4年就能长成1米多长的成鱼，最大可以长到近2米长，体重50~100千克。

　　北极鳕鱼的体形瘦长而结实，体侧有白色曲线，颌下有一条明显的触须，同样的品种因为栖息地的不同，身体的颜色稍有不同，浅水域的北极鳕鱼呈微红色、棕色或橄榄绿色，有较深的斑点；栖息在较深水域的北极鳕鱼颜色很浅，一般呈浅灰色。

　　北极鳕鱼的繁殖能力强，其性成熟年龄一般为4岁。在繁殖期，雄鱼会使腹腔内的鱼鳔振动，发出特有的声音

北极鳕鱼头大，口大，上颌略长于下颌，颈部有一条触须，鱼身侧线明显，有3个背鳍，2个臀鳍，各鳍均无硬棘，完全由鳍条组成。头、背及体侧为灰褐色，并具不规则深褐色斑纹，腹面为灰白色。胸络浅黄色，其他各鳍均为灰色。

❖ 北极鳕鱼

吸引雌鱼。雌鱼的产卵能力惊人，但其中大部分个体一生中只产卵一次，产卵期间则停止摄食，以体长1米左右的雌鱼为例，其一次可产300万～400万粒卵。但是，由于其生活海域的水温比较低，所以要经过长达4～5个月的孵化期才能孵化出幼鱼。

一条有故事的鱼

　　北极鳕鱼是完美的食用和经济鱼类，因集群生活，很容易被捕捞。因此，它也是最早被开发、最为大家认可的鳕鱼。

　　早在北欧维京人征战时期，北极鳕鱼便是重要的蛋白质资源，它们充当着维京人的口粮，是维京人的力量源泉；中世纪，在黑死病肆虐欧洲时，北极鳕鱼不仅滋养了饥饿的欧洲人，同时也成为欧洲大航海热潮中水手的干粮；17世纪，移民北美洲的殖民者将北极鳕鱼晒干后运输到西班牙、葡萄牙及英国等地出售；20世纪，因北极鳕鱼的经济价值，更引发了英国与冰岛之间的鳕鱼战争。

❖ 海底的北极鳕鱼群

每年1—4月是北极鳕鱼的捕捞季节，北极鳕鱼会在这个时期进入沿海水域，沿海渔民多数用网捕，经过几小时的加工后运往世界各地。

中世纪的欧洲肉食昂贵，富含高蛋白的北极鳕鱼给欧洲人带来了"新生活"，一度"供养了欧洲"，成为当时欧洲贸易中最重要的商品之一。

❖ 正在售卖北极鳕鱼的欧洲少女

❖ 炸马介休球

马介休这个词来自葡萄牙语,鳕鱼经盐腌制后,可以经烧、烤、焖或煮,形成比较著名的菜式,有西洋焗马介休、薯丝炒马介休、炸马介休球、白焓马介休、马介休炒饭等。上图所示的是炸马介休球,这道菜可以说最充分地体现了马介休的肉香。它选取鳕鱼肉,然后加上薯粉、洋葱、青椒等碎料,放入油锅炸,炸到金黄后即可食用。

❖ 约翰·卡伯特

1497 年,意大利航海家约翰·卡伯特(1455—1499 年)从布里斯托尔出航。他奉英国国王亨利七世之命,寻找北方的香料航线。然而,他没有找到香料,却找到了鳕鱼(北极鳕鱼)。

卑尔根是挪威第二大港口城市,它是 14—16 世纪因欧洲各国对鳕鱼的需求而建立的。当时卑尔根是北海鳕鱼业的集散港口,因此很多从同盟都市赶来的德国商人在此大量购买鳕鱼,经过加工,把鳕鱼晒干后,再运到欧洲各地出售。在这个城市的鱼市场上有一座醒目的鳕鱼干雕像。

❖ 卑尔根的鳕鱼干雕像

如今,欧洲人的生活更加与北极鳕鱼密不可分,在英国,最正宗的炸鱼薯条就得用北极鳕鱼;葡萄牙人的传统美食"马介休"中,主料也是北极鳕鱼;在挪威卑尔根最古老的鳕鱼市场中间竖立着一座标志性的鳕鱼干雕像,而它已有几百年的历史。

因争夺北极鳕鱼而打响的鳕鱼战争

20 世纪时,由于捕捞技术越来越先进,鳕鱼数量急剧减少,欧洲其他各国的鳕鱼捕捞船开到了冰岛海域疯狂地捕捞北极鳕鱼。冰岛人越来越担心自己赖以生存的鳕鱼资源将会在滥捕中遭到彻底破坏,于是,冰岛在 1948 年和 1952 年连续通过限制渔业的法案,1958 年更是宣布把领海扩大到 12 海里,并要求外国捕鱼船只必须在当年 8 月 30 日之前离开该海域。

❖ 交易北极鳕鱼的市场

如此大的北极鳕鱼在当时的欧洲并非稀罕物，而北极海域的鳕鱼资源十分丰富，仿佛是大西洋中的一座巨大金矿，吸引着葡萄牙人、法国人和英国人纷至沓来。

第一次鳕鱼战争，英国人吃了哑巴亏

冰岛要求外国捕鱼船只离开的命令到期后，除了英国外，其他各国的鳕鱼捕捞船都离开了冰岛的领海范围，英国不仅没让捕捞船离开，还派来了 37 艘英国皇家海军舰艇，有约 7000 名士兵为捕捞船护航。

面对强大的英国皇家海军，冰岛人集中全国力量迎战，他们只有一支总兵力约为 100 人的小型海岸警卫队，而且只有 3 艘落后的巡逻舰，两国兵力悬殊。

不过，英国和冰岛都是北约成员国，当时美国为了对抗苏联，在冰岛建设有军事基地，因为这种复杂的关系，冰岛海岸警卫队有恃无恐地朝英国皇家海军舰艇开炮，搞得英国人很狼狈，打也不是，不打也不是，最后只能坐下来谈判，承认了冰岛把领海扩大到 12 海里，灰溜溜地将捕捞船和舰队撤离，史称"第一次鳕鱼战争"。

❖ 第一次鳕鱼战争

❖ 1900 年，一个孩子站在两条巨大的鳕鱼中间

❖ 鳕鱼战争中两国舰船相撞

在鳕鱼战争中，英国皇家海军护卫舰与冰岛海岸警卫队的"奥丁"号相撞。

挪威人的"白色黄金"

挪威是一个寒冷的国度，因其独特的地理条件形成了比赤道还要长的海岸线，拥有世界上最多的鳕鱼资源。挪威峡湾和岛屿众多，海水冰冷、风大浪急，激流使海水保持着非常高的纯净度，这些条件都非常适合北极鳕鱼的繁殖和生长。北极鳕鱼是挪威最重要的经济鱼类，因此被挪威人称为"白色黄金"。

葡萄牙人称之为"液体黄金"

北极鳕鱼拥有高含量的蛋白质，其中的脂肪含量极低，与鲨鱼肉的脂肪含量相同。不仅如此，北极鳕鱼的肝脏含油量高达45%，并含有维生素A、维生素D和维生素E等，还含有儿童发育所必需的各种氨基酸，并容易被人消化吸收，因此被葡萄牙人称为"液体黄金"，也被世界各地的美食爱好者所喜爱，被营养学家称为"天然的营养师"。

❖ 鳕鱼战争

第二、三次鳕鱼战争

由于捕捞技术的提高，加之过度捕捞，冰岛及其周边海域的鱼类资源快速萎缩，渔民收入急剧下降。1972年，冰岛再次宣布将"禁渔界限"范围扩大至50海里，这触怒了英国皇家海军，因而发生了第二次鳕鱼战争。1974年，冰岛再次宣布将"禁渔界限"范围扩大至200海里，英国皇家海军又出动了军舰，两国爆发了第三次鳕鱼战争。然而，这两次鳕鱼战争的结果依旧和第一次鳕鱼战争一样，英国人在以美国为首的北约调解下做出了让步。

从1958年开始直至1976年结束，英国和冰岛的鳕鱼争夺战打了20多年，冰岛人面对强大的英国皇家海军，只用宣布扩大"禁渔界限"这一招，到时间了就开始驱逐外国捕捞船，一般国家的捕捞船见了就走了。只有英国不信邪，结果冰岛根本不按常理出牌，在"禁渔界限"范围内见了英国军舰就开炮，然后对外扬言要和英国断交、脱离北约，让美国将军事基地撤走。美国不想从冰岛撤走军事基地，因此只能出面调停，结果在美国的压力下，英国不敢开火，只能做出让步，承认冰岛政府的"禁渔界限"，接受冰岛主张的200海里专属经济区的概念。

1976年，冰岛宣称的200海里的海洋界限被定义为专属经济区后获得广泛承认，200海里"专属经济区"还于1982年在第三次联合国海洋法会议上正式写入《联合国海洋法公约》。三次鳕鱼战争可以说是推动这项决议的因素之一。

七鳃鳗

美 味 的 古 老 珍 馐

　　七鳃鳗长得很像鳗鱼，有一张恐怖的"圆盘"嘴，因眼睛后面的身体两侧各有7个鳃孔而得名。其长相恐怖，但是却异常美味，一直被视作英国王室的指定食物，让吃过它的人欲罢不能，历史上英国王室曾因它而爆发了一场战争。

　　七鳃鳗又被称为僵尸鱼，幼体栖息于海中，成年后游至淡水河流中产卵，身体像鳗鱼一样。它们的嘴巴没有上、下颌，是一个一直张开的口盘，上面布满了令人恐惧的牙齿，进化出一种具有类似吸血功能的"电动小圆锯"。

古老的鱼种

　　七鳃鳗是一种古老的鱼，已有3.6亿年历史，在恐龙出现之前就生活在地球上，是至今少数仅存的无颌类脊椎动物之一，因此也被称为"活化石"。

　　七鳃鳗虽然经过了几亿年的进化，但它们的生活习惯却没有太大的改变，只是寄生的寄主发生了变化。在泥盆纪时，七鳃鳗多以古代鲨鱼及盾皮鱼为寄主。现在，它们喜欢寄生在鲑鱼和鳕鱼身上，有时也会攻击梭鱼、弓鳍鱼等。七鳃鳗因这种恐怖的寄生方式而成为很多电影中恐怖生物的原型，如在电影《金刚》中，主人公一行被打进山谷后，吃掉人的那几只黑色大虫子的原型就是七鳃鳗。在美剧《权力的游戏》

七鳃鳗幼体称为沙栖鳗或沙隐虫，生活于淡水中，在水底挖穴而居；无牙，眼部发达，以微生物为食。

俗话说"打蛇打七寸"，"七寸"那个位置是可以致命的，而七鳃鳗的"七寸"在尾部，因此如果只击打它的头部，很难杀死它；但如果击打它的尾部，它就会立刻死亡。

七鳃鳗眼睛后面的身体两侧各有7个排列整齐的鳃孔。七鳃鳗的长相实在有点吓人，类似蛇一样的身体上布满黏液，一张圆形的嘴巴里全都是倒刺状的牙齿，而且七鳃鳗喜欢寄生在别的鱼类身上，以吸血为生。

❖ 七鳃鳗的鳃

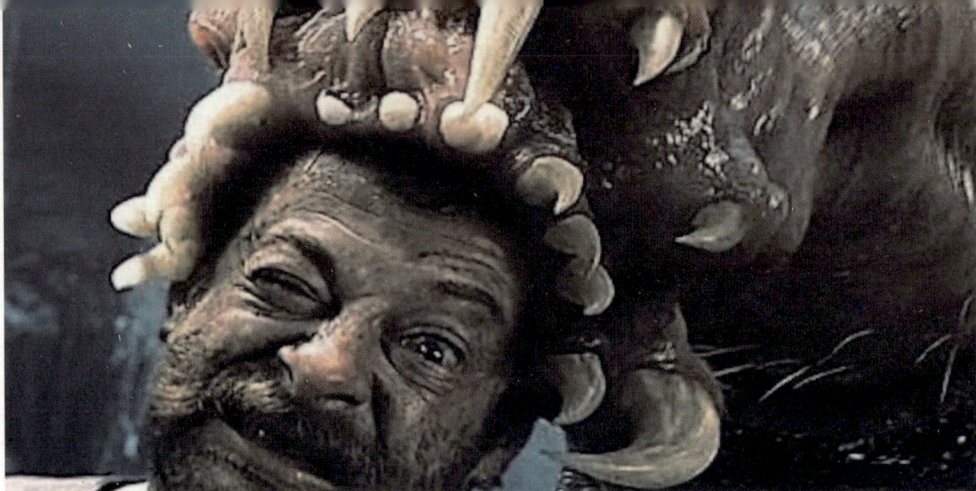

该剧照展示的是藏在山谷里的巨虫吸血的一幕，它的原型就是七鳃鳗。

中，七鳃鳗便曾以美味的七鳃鳗派的形式出场。大仲马在《基督山伯爵》中描写巴黎第一场晚宴时，也曾说"伏尔加河的鲟鱼"和"富扎罗湖的七鳃鳗"的保鲜方式和烹饪方法令人赞叹不已。

一盘七鳃鳗引发的战争

七鳃鳗全身只有软骨，没有硬刺，脂肪含量高，肉质细腻并弹性十足，味道类似鱿鱼，并胜于鳗鱼，它还是高蛋白食物，富含丰富的维生素 A，深受英国人特别是英国王室的喜爱，是英国王室餐桌上的传统美食，它还曾引起一场王位争夺战争。

七鳃鳗的样子很像一般的鳗鱼，身体细长，呈鳗形，但是它的嘴不分辦，是一个圆形的吸盘，长着一圈圈的牙齿。

❖ 捕捉七鳃鳗——15 世纪的画作

❖ 七鳃鳗的牙齿

❖ **名画中的七鳃鳗**

比利时画家弗兰斯·斯奈德斯的名画《鱼店》，现收藏在圣彼得堡冬宫。这幅充满了世俗生活情调与追求怪诞趣味风格的画描绘了一间鱼店的情形，画作正中就躺着一条特征明显的七鳃鳗。可见自中世纪以来，七鳃鳗就已经普遍出现在欧洲人的餐桌上了。

亨利一世是征服者威廉最小的儿子，也是英国诺曼王朝的最后一任国王。公元 1135 年，亨利一世离开了英格兰王宫，前往家乡诺曼底视察时，贵族们端上了一盘亨利一世从小就喜爱的美食——七鳃鳗，遇到了儿时的味道，这让亨利一世欲罢不能，他因一口气吃了很多而暴毙，成为首个因吃七鳃鳗而驾崩的君王。

伊丽莎白二世曾收到格洛斯特市赠送的七鳃鳗派，以祝贺她的加冕，后来在 25 周年和 50 周年时又各收到一个七鳃鳗派。

许多人认为亨利一世是被七鳃鳗撑死的，其实不然，据现代科学家推断，很有可能是这种鱼中的寄生虫侵入了亨利一世的主要脏器，造成其暴毙。

亨利一世死得突然，没有指定继承人，因一盘七鳃鳗而导致有资格继承王位的候选人之间开始了一场争夺权力的战争。

英国王室指定的食物

亨利一世因吃七鳃鳗而死，七鳃鳗却因此名声大振，成为欧洲皇室争相追捧的美食，特别是在英国，一度将它吃到濒临灭绝的地步，以至于 2012 年，英国在举行伊丽莎白二世加冕 60 周年庆典时，特别从国外引进大量七鳃鳗，投放到当地水域，使在英国绝迹 200 年之久的七鳃鳗重新活跃在境内。

英国国王亨利一世最喜爱的七鳃鳗的制作方法：将七鳃鳗宰杀好之后，泡在鱼血里腌几天，然后连鱼带血一起煮熟后食用。

❖ **中世纪砖块上的七鳃鳗雕刻**

一角鲸

一角鲸生活在寒冷的北极海域，因额头中间长着一根螺旋状的犄角，酷似西方神话中被奉为神灵的独角兽而得名。

一角鲸又名独角鲸，是一种群居动物，大都生活在北极圈以北以及冰帽的边缘，如大西洋的北端和北冰洋海域，格陵兰海也有少量的一角鲸生存，很少越过北纬 70° 以南。

一角鲸的角并不是角而是牙齿

一角鲸那只长长的角并不是长在额头上，而是从嘴里长出来的长牙。大多数的雌性一角鲸不会长长牙，仅大多数雄性一角鲸 1 岁后会从上颚左侧的牙齿边长出一颗长牙，也有少部分会长出两颗长牙。长牙平均长度为两米，大部分都是中空的，非常脆弱。一角鲸的长牙与大象、疣猪的弯曲牙齿不同，它的牙齿天生就是直的，呈逆时针方向螺旋生长。

一角鲸长牙的价格曾经超过黄金 10 倍

一角鲸的牙齿平时除了打斗之外，还是它在家族中地位的一种象征，一角鲸的牙齿越长、越粗，代表它在鲸群中的地位越高。

❖ 一角鲸

由于一角鲸的长牙如同西方神话中的独角兽的长角，因此有好几个世纪，欧洲人相信它具有医疗效果，甚至具有魔力。在中世纪，"独角兽的角"的价格甚至比同等重量的黄金的价格还高 10 倍。

❖ 一角鲸的螺旋长牙

一角鲸的长牙和人类的牙齿一样，里面有牙髓和神经，牙管里还有类似血浆的溶液，但人类的牙齿整颗都是坚硬的，而一角鲸的长牙是外软内硬的。这种组织结构可以充当减震器，防止长牙断裂。一角鲸的长牙并不是光滑的，上面长有螺旋花纹，通过这种组织，一角鲸可以在几千米外感觉到海水的细小变化。

16世纪时，英国女王伊丽莎白一世曾经以1万英镑的价格收藏过一颗一角鲸的长牙，这个价格在当时足够修建一座完整的城堡。

欧洲最古老的王室——哈布斯堡王室，曾经用一角鲸的长牙制成了一根象征至高无上皇权的节杖，并在上面镶嵌了钻石以及各种红宝石、绿宝石、蓝宝石。

❖ **哈布斯堡节杖**

神圣罗马帝国的查理五世曾给法国拜罗伊特的玛尔莱弗两颗一角鲸的长牙，用来偿还相当于今天100万美元的债务。

丹麦国王弗里德利三世搜集的一角鲸的长牙最多。他用一角鲸的长牙制成一个宝座，它的腿、扶手和底座都是用一角鲸的长牙制成的，成为欧洲的一个奇迹，长期以来，这个宝座一直用于丹麦国王的加冕典礼。

❖ **丹麦国王宝座**

中世纪的欧洲贵族把一角鲸的长牙视作至宝，认为一角鲸的长牙制成的高脚酒杯、茶杯和碗有解毒功能，倘若有毒的饮料接触到它，就会"泛起黑沫，而毒性尽去"。虽然拥有一角鲸长牙的王公贵族也无法避免遭到突然和莫名其妙的杀身之祸，但是这种长牙仍然享有解毒药的盛誉，在当时市场上的价格始终居高不下。

❖ **一角鲸的长牙做成的高脚杯**

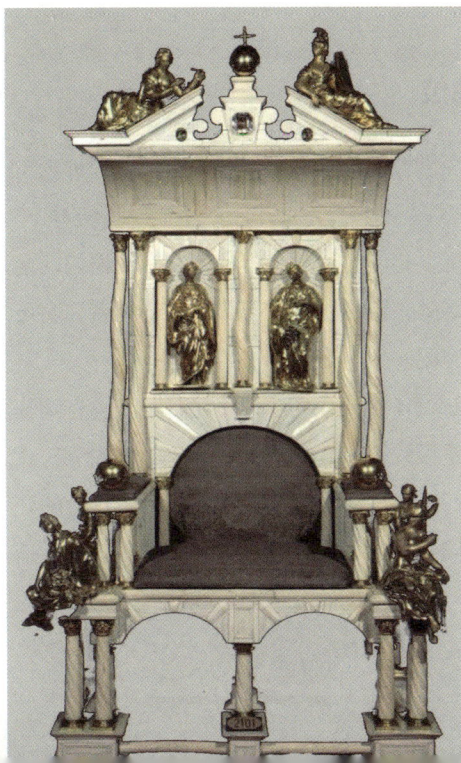

❖ 水下的一角鲸群

❖ 因纽特人捕杀一角鲸

因纽特人捕杀一角鲸已经好几个
世纪了,他们获取一角鲸的长牙
换取金钱,然后将皮作为美食享
用,肉用来喂养爱斯基摩犬,鲸
脂和肥油用来照明和燃烧。

2004 年,格陵兰岛第一次制定
一角鲸捕杀限额法案。虽然遭
到猎人的强烈抗议,政府依然
下令禁止出口鲸牙,终结了一
项有千年历史的贸易。

一角鲸群的组成方式

一角鲸最大可活到 50 岁左右,它们的头部小而圆,
体色会随着年龄增长而显著地变化,初生者呈斑污灰色或
棕灰色,随着成长慢慢变成紫灰色斑块,而后变为黑色或
暗棕色的斑块,老鲸则几乎通体全白。

一角鲸喜欢群居生活,大部分会组成小族群一起生
活,也有能达到上百只一角鲸的超大族群。一角鲸的族群
有严格的分界,一般分为雌鲸和幼鲸、雄鲸和幼鲸、单独
雌鲸或单独雄鲸组成的一角鲸群,很少见到雌鲸和雄鲸混
搭的一角鲸群。

玩耍中确定地位

一角鲸平时经常会用长牙互相较量,它们的这种较量
不是为了争夺什么,而是在玩耍打斗,并不会刺伤对方。
一角鲸通过这种玩耍打斗的过程,慢慢确立在族群内的地
位。一般最强的雄鲸,通常也是长牙最长、最粗者,它可
以与较多的雌鲸交配。

目前,一角鲸有 1 万~4.5 万头,它们虽然没有濒临
灭绝的危险,但是天敌很多,如虎鲸、海象、北极熊与鲨
鱼等。此外,它们最可怕的敌人是人类,因为一角鲸的牙
齿制作的工艺品依旧被很多人喜欢,导致它们被人类滥捕
滥杀。

抹香鲸

抹香鲸的名字来自其体内一种神奇的物质——龙涎香,它是珍贵香料的原料,也是名贵的中药,有化痰、散结、利气、活血之功效,但不常有,偶尔得到一块都价值连城。

抹香鲸的体长可达 18 米,体重可达 50 吨,是体型最大的齿鲸和世界上最大的动物之一,也是世界上潜水时间最长、潜水最深的哺乳动物。它广泛分布于全世界不结冰的海域,从赤道一直到南北极都能发现它的踪迹。

❖ 龙涎香

龙涎香是抹香鲸吃下的部分固体物质,因为难以消化,进入直肠后,与粪便混合形成半固体状,再经过肠道蠕动,以及肠道中的细菌和酶等加工作用,变成表面非常光滑的粪石!

抹香鲸古称海翁鱼

抹香鲸古称海翁鱼,我国清朝朱景英的《海东札记》、连横《台湾通史·虞衡志》等书中均有记载。《台湾通史·虞衡志》卷二十八:"鲸,俗称海翁。重万斤,舟小不能捕。时有随流而毙于海溢者,渔人仅取其油。"

> 早期的人们以为龙涎香是龙王的口涎,因而得名。一块未经加工、品相一般的龙涎香,市价为每克 200~300 元,而一块经过加工、上等品质的龙涎香,每克价格超过 1000 元。

抹香鲸常年生活在深海中,最深可潜入 2200 米的海中,并且能在水下待两个多小时才浮上海面呼吸一次。所以,人们很难看到抹香鲸换气的场面。

❖ 抹香鲸

❖ 英格兰国王查理二世

相传，英格兰国王查理二世认为龙涎香和蛋类是世界上最美味的菜肴。

龙涎香被用作香水的定香剂，大大地增加了香水的价值。不仅如此，龙涎香还是一种很昂贵的食品，只是一般人根本消费不起。18 世纪的人们喜欢把龙涎香添加到食物中，17 世纪在欧洲首次开发出在巧克力中添加龙涎香并传播开来。很快，北美殖民地的厨师们，也开始用龙涎香来调味他们的巧克力。

在煤油没有被发明之前，人们用来照明的光源是蜡烛，这种蜡烛大部分是用油脂和石蜡制作的，而普通百姓家最容易获得的油脂就是动物脂肪，如猪、羊、海豹、鲸等的脂肪。然而，最好的制蜡烛的材料要数抹香鲸头部的脑油。因此，抹香鲸成为当时人们获取油脂的牺牲品。

抹香鲸粪便——龙涎香

龙涎香是抹香鲸肠胃的病态分泌产物，类似结石，主要成分为龙涎香醇，是一种蜡状芳香物质。

抹香鲸在其活动的海域中基本上没有天敌，它们主要以乌贼、鱿鱼为食，甚至连体长达到 20 米的大王乌贼和大王酸浆鱿都逃不过它们之口。

据资料显示，19 世纪 50 年代，1 加仑鲸油可以卖到 2.5 美元，相当于当时的普通工人半个星期的工资。

❖ 竖着睡觉的抹香鲸

抹香鲸喜群居，往往由少数雄鲸和大群雌鲸、仔鲸结成数十头以上，甚至二三百头的大群，这样一群庞然大物如果突然停止移动，然后同步垂直于海底，是何其壮观的景致！没错，抹香鲸就是竖着睡觉的，而且是成群地竖着睡觉。

抹香鲸爱吃乌贼，却消化不了乌贼的喙状嘴，这些物质会逐渐堆积在它们的小肠中，小肠会产生一种黏稠的深色物质将其包裹，这就是"龙涎香"，当在体内堆积到一定数量后，抹香鲸会不定期地将其随着粪便排出，但是人们往往很难获得。

龙涎香的英文名字叫"ambergris"，源自法语，意思是"灰色的琥珀"，实际上，龙涎香既有可能是灰色的，也有可能是黑色的。

我国清朝的赵学敏在《本草纲目拾遗·鳞部》中曾引用《峤南琐记》中的记载："龙涎香，新者色白，久者紫，又久则黑。白者如百药煎，黑者次之，似五灵脂，其气近臊，和香焚之，则翠烟浮空不散。"

被龙涎香熏过之物能保持持久芳香，且可提神避暑。因此，龙涎香十分珍贵，而且难得，人们没有耐心等待抹香鲸主动排泄，所以往往会捕杀抹香鲸后取龙涎香。

尽管不是每一头抹香鲸体内都有龙涎香，然而，这种名贵香料加上抹香鲸的脑油，使抹香鲸几百年来成为被疯狂捕杀的目标。

如今，抹香鲸已是世界濒危物种，然而国外还是有些人、少数国家依然打着科研的名义捕杀它们，这种为了经济利益而罔顾生态平衡的行为极其恶劣。

❖ 大王酸浆鱿

大王酸浆鱿又称巨枪乌贼，体长12~20米，体重50~300千克。目前发现的最大的一只大王酸浆鱿死时身长20米，体重400千克。大王酸浆鱿不仅是世界上最大的鱿鱼，还是世界上最大的无脊椎动物。

通过现代科技，人们早已合成出了鲸脂和龙涎香的替代品。

大约100头抹香鲸中，只有一头体内有龙涎香。虽然粪石本身对抹香鲸没有太大的危害，但如果长得太大，就可能使肠壁破裂，最终导致抹香鲸的死亡。

抹香鲸拥有一个巨大的头部，占身体的1/3左右，如果是一头18米长的抹香鲸，它的头部就有近6米长，抹香鲸应该是世界上头部最大的动物。

大王乌贼通常栖息在深海地区，体型巨大，它是仅次于大王酸浆鱿的第二大无脊椎动物。

❖ 大王乌贼

鲎

鲎被人们称为水族活化石，是一种奇特而古老的海洋生物，经过4亿年的时间，恐龙与三叶虫等许多生物都已灭绝，而它却依然保持着最原始的模样。

❖鲎

鲎食性广，经常以底栖的小型甲壳动物、小型软体动物、环节动物、星虫、海豆芽等为食，有时也吃一些有机碎屑。如果是幼体，食物以单胞藻、轮虫、丰年虫幼体、桡足类为主；如果是成体可以食虾和小鱼。

鲎俗称鲎帆、马蹄蟹，主要分布于太平洋、西印度洋等海域的沙质海底，其中，中国鲎的体型最大。

奇怪的身体

鲎长得很像大螃蟹，头胸部在身体最前面，呈丰满的月牙形，腹面长有10条腿，背面长着两只小小的复眼，"脑门"

❖ **鲎化石**

最早的鲎化石见于奥陶纪，形态与现代鲎相似的鲎化石出现于侏罗纪。

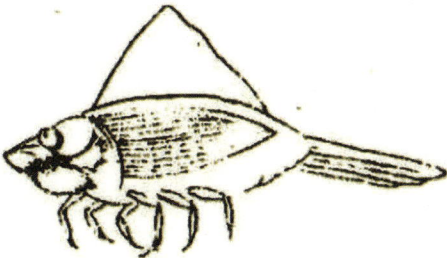

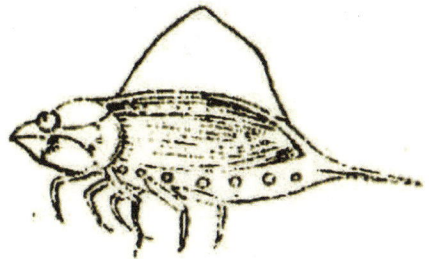

❖**《本草纲目》中的鲎**

古人笔下的鲎常常被描绘成鱼。

中央还有一对更小的单眼。其身体中间的梯形部分是腹部，两侧长着棘刺，腹面则有生殖器官和鳃。腹部后面连接着一条剑一样的尾巴，名叫"剑尾"，主要用来翻转身体。此外，雌鲎在产卵时也会用剑尾把身体支起来，使身下有空间，可以排卵受精。

在产卵季，雄鲎在白天的视力低下，只能大概分辨移动的物体，看不清形状，所以常靠雌鲎驮着移动。但到了夜晚，雄鲎的大脑会向复眼发出信号，使复眼结构发生改变，对光的敏感度会比白天增加许多倍。

交配繁衍

鲎类的生长周期很长，雄鲎需要生长八九年后才可以交配，而雌鲎从出生到交配期需要 10~11 年。

在交配时，一对鲎会抱在一起，即使被人打扰也不分离，所以它又收获了"鸳鸯鱼"的美名。

鲎被称为"海怪"，却对自己的伴侣忠贞不二。每年春夏季是鲎的繁殖季节，雌鲎和雄鲎一旦结为夫妻，便形影不离，肥大的雌鲎常驮着瘦小的丈夫蹒跚而行。因此，渔民捕捉鲎时，常会捉到一只，提起来是一对，它们也因此被称为"海底鸳鸯"。

成年的鲎会在夏季的初一或十五，即潮水最高的时候上岸产卵，一只雌鲎每次最多可产下9万颗卵，但卵在孵化的过程中大部分会被鱼类、海龟、飞禽吃掉，最终的成活率只有万分之一。刚孵化出的鲎没有后面那条剑尾，它们不会进入深海，在岸上泥质滩涂上生活8~9年后才会进入深海。

中国鲎

鲎曾经在我国东南沿海地区十分繁盛。据说鲎善于等候并利用风势在海上漂行，且其游动时，马蹄形的前部会迎风抬起，如同风帆。李时珍在《本草纲目》中这样解释："鲎者，候也。鲎善候风，故谓之鲎。"

20世纪早期，在美国东北岸的特拉华湾周围形成了这样一个有组织的产业——数以百万计的鲎被捕捉起来，碾成肥料，有的被用来喂猪。

❖ 1928年，被用作肥料生产原料的鲎

福建金门有句俗话："水头鲎，古岗臭"，意思是水头（金门岛西南角）这个地方盛产鲎，多到连3000米外的古岗都能闻到臭味。

平潭岛是我国一个享誉世界的产鲎区，当地的中国鲎数量曾居全国第一，现在也有全国唯一一个中国鲎保护区。

美国公共电视网（PBS）的《自然》节目中指出："美国食品药品监督管理局（FDA）认证的每一种药物，以及心脏起搏器和假体装置等手术植入物，都必须通过鲎试剂的测定。"

天然试剂

鲎的血液不是红色的，因为它们的血液中含有铜离子，铜离子与氧结合后形成血蓝蛋白，故血液呈蓝色。19世纪中期，科学家们发现鲎的血液一遇到细菌就会迅速凝固，形成一道屏障，在阻止病毒繁殖的同时，也抵御了其他细菌的入侵，故可应用于医学上检测病人是否被细菌感染。因此，鲎血被提取后做成试剂，用来检测药品和医疗用品中是否含有杂质。

鲎曾经广泛分布在太平洋、西印度洋等海域，但随着鲎血的价值被医药产业发掘，它们的数量也随之急剧下降。2019年3月，中国鲎在《中国物种红色名录》中的等级正式被世界自然保护联盟列为"濒危"。

鲎的体长约50厘米，重达3~4千克，体形似瓢，体色呈棕褐色。

鲎字由上部的半个"学"字，下部的"鱼"字组成，因此，有些地方又把鲎叫作"有学问的鱼"。

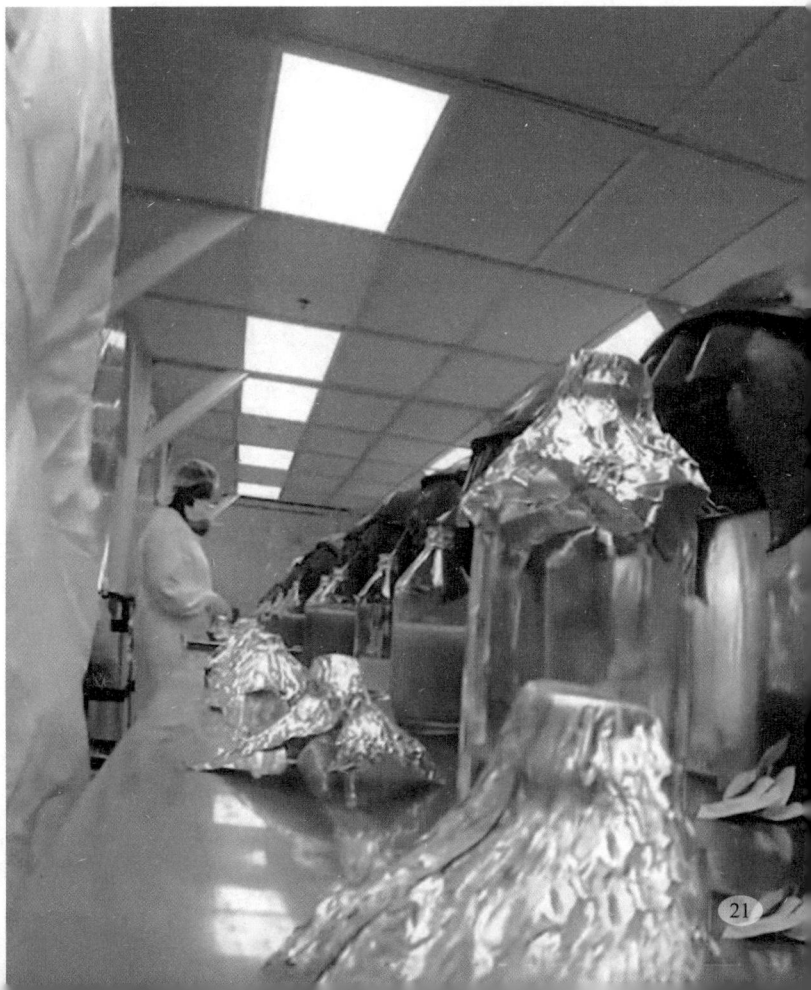

❖ 电影《蓝色的血液》
1982年的科教电影《蓝色的血液》在第12届西柏林绿色农业电影节上获得金穗奖。这里的蓝色的血液就是指鲎的血液。

樽海鞘

樽海鞘是一种神奇的生物，它有很多神奇而独特的生存技巧，是现代气候以及海洋生态系统中的重要元素，与地球生态环境息息相关，它也因为这种奇异特性而被列为"十大不可思议的动物"之一。

> 樽海鞘有脊索动物中独一无二的血液循环系统，它的血流方向能每隔几分钟颠倒一次。

> 如今，樽海鞘被认为是地球上最有效的固碳生物。据科学家估计，人类产生的1/3的二氧化碳正被樽海鞘处理掉。它们经常吃浮游植物，并排泄出富含碳的密实球状粪便，这些粪便会很快沉到海床上。

樽海鞘是一种看上去很像海蜇的无脊椎动物，广泛分布在各大海域，从浅滩到深海都有它们的足迹。

雌雄同体

樽海鞘的身体稍扁平，体长1~10厘米，呈桶状，几乎完全透明，像个果冻。樽海鞘与普通海鞘一样，都是雌雄同体生物，它们会将精子和卵子直接排入水中或在围鳃腔内受精。受精后，最快几小时、最慢几天就可以发育成幼虫，再经过一段时间的发育，就会开始单体或者组成樽海鞘链，在海底的不同区域漂荡，它们几乎终生都在寻找完美的栖息地。

❖ 樽海鞘

樽海鞘与大部分海鞘一样，会通过大脑分析不同水域，找到适合自己的永久居住地，然后便不再离开。樽海鞘的捕食方式很简单，其身体两端各有一个开口，一个开口进水，一个开口出水，水中的微小浮游生物在这一进一出中被滤出，成为它的食物。

步调一致的水下运动能力

樽海鞘靠虹吸产生的喷射流来运动，这项技能不仅能让樽海鞘灵活操控单体，而且当多个樽海鞘连成整体一起游动的时候，它们还可以各自控制自己的喷射速率，以保持整个樽海鞘链的移动速度和方向，以及加减速，甚至还能靠喷射水流收缩身体来逃避捕猎者，因此，樽海鞘这项生存技能成为科学家热衷研究的课题，因为它可以帮助科学家更好地研发喷气推进和水下行动设备。

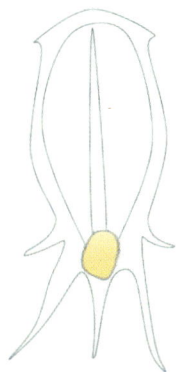

❖ 樽海鞘链
一只樽海鞘可以繁殖出一系列雌雄同体的樽海鞘（克隆），并彼此相连。一些亚种的樽海鞘链最长甚至能达到 15 米。

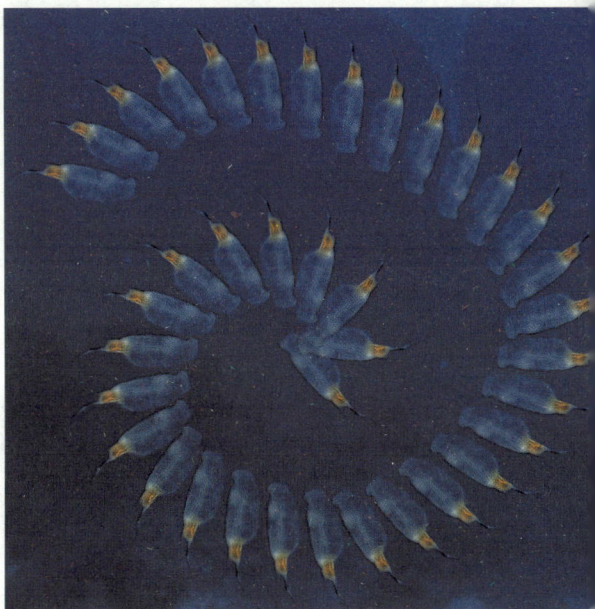

❖ 呈轮状的樽海鞘链
樽海鞘链能呈现一定的形状，一些亚种能形成轮状，而另外一些物种能将克隆链组织成双螺旋结构。

神奇：樽海鞘之间还可以通过电信号交流聚集，形成首尾相接或并列行进的群体，可在海中聚集成一条长达30 米的"深海巨龙"链条，场面十分壮观。

❖ 樽海鞘和樽海鞘链

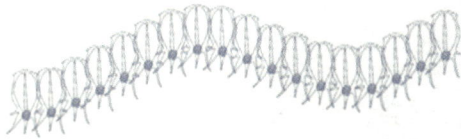

❖ 泛滥的海藻

❖ 漂亮的樽海鞘链

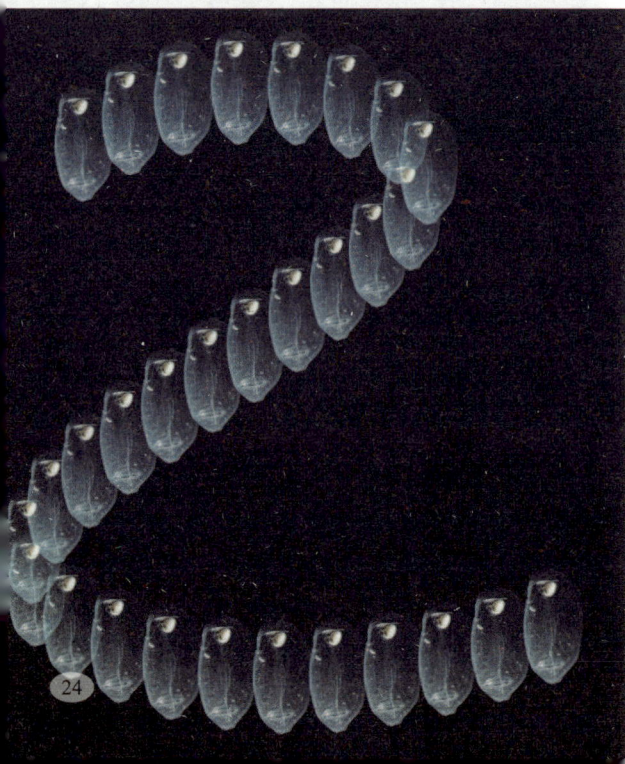

能够提升人类生存环境的质量

樽海鞘的神奇之处远不止以上几点，最神奇的是樽海鞘可能是人类应对全球气候变暖的一种武器，它能够提升人类生存环境的质量。

科学家已经证实，造成全球气候变暖的主要原因之一就是二氧化碳。当全球气候变暖时，空气中富含大量的二氧化碳，使海上的藻类以及浮游生物迅速繁殖。

樽海鞘寿命极短，它们靠吞食藻类以及浮游生物快速成长，然后快速无性繁殖，当食物充足时，其繁殖速度更是爆发性的。

樽海鞘进食后会排出较大的粪便颗粒，这些颗粒就是碳，这些碳会沉入海底。据科学家计算，在大约 10 万平方千米的藻类海域，樽海鞘大约能消耗掉由浮游植物产生的碳总量的 74%，同时，樽海鞘通过排泄粪便颗粒向深海转运了约 4000 吨碳。这个数据非常惊人，因此，樽海鞘被认为能有效率地进行清碳，使地球空气的质量变好。樽海鞘的清碳能力提升了它在海洋动物中的地位，因为它的数量多少能直接影响地球的生态环境。

海绵

动画片《海绵宝宝》中黄色海绵宝宝和它的好朋友之间总是闹出笑话，让很多人记忆犹新。在现实海洋中，海绵的颜色远比动画片中的海绵宝宝要丰富多彩，而且形状更是多样。同样，海绵也有很多"朋友"，如小虾、小蟹和小鱼等，它们总是和海绵一起搭伙过日子。

海绵是对一类多孔滤食性生物体的统称，从淡水河流到海洋，从潮间带到深海，几乎全世界的海洋中都能够看到它们的身影。

常用的清洁用品

海绵大都生活在海洋里，因身体柔软似绵而得名，它自古就开始被人们认识并使用，在克里特岛的壁画、荷马的《伊利亚特》和《奥德赛》，以及亚里士多德、柏拉图的一些作品中都提到了天然海绵的使用。

天然海绵的使用最早可以追溯到古希腊时代，当时的海绵被用作个人卫生和身体护理的高端工具。如今，海绵已经成为人们常用的清洁用品，虽然随着

❖ 海绵宝宝和它的朋友们

海绵多腔孔，因此成为其他小动物和植物的生活地，如有一些小鱼、小虾就喜欢常年将海绵的腔孔作为避风港，甚至有些小动物终生不离开海绵的腔孔。

❖ 海绵

海绵形态各异，呈块状、管状、分叉状、伞状、杯状、扇状或不定形，体型从极其微小至两米长。

❖ 海绵
海绵的色泽单一或十分绚丽，其颜色源自类胡萝卜素，主要为黄色或红色。

❖ 克里特岛壁画上使用海绵洗浴的场景

海绵动物除了个别的科没有骨骼之外，其他所有的种类都是具有骨骼的，骨骼是海绵动物的一个典型特征，是用以分类的重要依据之一。海绵动物的骨骼有骨针及海绵丝两种类型，它们或散布在中胶层内，或突出到体表，或构成网架状。

海绵动物身上通常都有一股难闻的恶臭，这也可能是其他动物不愿与之为伍的原因之一。

大海中的海绵被干制后，可做成搓澡或擦桌子用的商品出售。

❖ 搓澡海绵

工业技术进步，出现了大量人工合成的海绵，但是天然海绵依旧很受世界各地人们的喜爱。

海绵不是植物，而是动物

海绵总是一簇簇的，长有枝干，而且也不移动，几乎和植物一样，即便是去触碰它时也没有反应，但它却不是植物，而是动物。

海绵是最原始的多细胞动物，最早起源于寒武纪时期，2亿年前就已经广泛生活在世界各地的海洋中。海绵如今已发展到1万多种，占海洋动物种类的1/15，是一个庞大的"家族"。

❖ 拖把头上的人工海绵

❖ 古老的海绵化石

全球最古老的海绵化石仅米粒大小，这是在我国发现的一块 6 亿年前的原始海绵动物化石，把海绵在地球上出现的实证记录向前推进了 6000 万年。

无需主动出击就能吃饱肚子

海绵身体的外壁细胞内长有一根根鞭毛，鞭毛会不断地急速摆动，激起水流，使外界的水源源不断地经过身体上的小孔进入内腔，然后经内腔出口流回外界。海绵就是这样通过循环不息的水流获取食物和氧气，并且把无法消化的食物残渣和排泄物送出体外。

海绵虽然没有胃和肠，但是可以将食物在细胞内消化，这种消化方式与变形虫、草履虫等单细胞动物是一样的，因此，它也被认定为动物，而非植物。

海绵往往会和固着的生物形成互利关系，如固着在寄居蟹外壳的海绵，可以利用气味，帮助寄居蟹驱赶猎食鱼类。但是，有时海绵也会使固着的生物受伤，甚至死亡，如藤壶常常因无法忍受海绵固着而死亡。

天然海绵主要生长在地中海、墨西哥湾、巴哈马群岛等海域，其中以地中海出产的海绵质量最为上乘。

❖ 美丽的海绵

❖ 长在海底的海绵

海绵为雌雄同体，一般分为有性生殖和无性生殖，无论是哪种生殖方式，其幼虫出生后几小时或者几天内，就开始寻找自己的落脚点，如在岩石、泥沙中的坚固物体上，甚至是一些生物的甲壳上，固着自己的身体。

海绵以前一直被人们当作植物。直到1755年才有人发现了它具有动物的特征。1765年发现了通过海绵的水流和入水孔的启、闭，这才确证了海绵为动物。

在天然海绵的大家族中，只有10~15种有使用价值。最常被人们用于清洁和艺术等方面的有5~8种，如丝海绵、蜂窝海绵、羊毛海绵等。

❖ 炉管海绵

真实版本的"饼干怪兽"是炉管海绵，它的嘴和眼睛实际上就是海绵的孔状身体结构，碰巧长成这样了，又碰巧被摄影师记录了下来。

南极海绵：南极的长寿冠军

南极的海洋低温、低氧，生存在这里的生物总有些特殊的"技能"，因此也孕育了全世界最大、最长寿的生物——南极海绵。

据专家研究发现，最长寿的南极海绵已经活了1550岁。对于这些海绵是如何做到如此长寿的，专家也无法具体解释。是不是像冰箱原理一样，越是低温的环境保鲜效果越好呢？

炉管海绵：真实版本的饼干怪兽

美国儿童节目《芝麻街》里有只饼干怪兽：蓝色、毛茸茸的外形，一双圆滚滚的大眼睛，手上永远有块饼干，深受许多人的喜爱。在海洋深处有一种炉管海绵长得跟饼干怪兽一模一样。据英国《每日邮报》2013年9月22日报道，摄影师毛里西奥·汉德勒在加勒比海潜水时，意外拍到了这种罕见的动物——炉管海绵，它就像是搞怪的饼干怪兽一个模子刻出来的。

❖ 饼干怪兽

王企鹅与帝企鹅

南极是地球上的极寒地带，企鹅是这片寒冷大陆上的代表动物。在帝企鹅被发现之前，王企鹅一直被认为是企鹅中体型最大者，于是首先获得了"王"的称号，然而不久后又发现了更大的企鹅，科学家就用一个更加霸气的名字"帝"来称呼它。

王企鹅和帝企鹅主要分布于南极洲及其附近海域，这些地方海水养分丰富，适合企鹅生存。

南极企鹅喜欢群栖，一群有几百只、几千只、上万只，最多者甚至达到 10 万～20 万只。王企鹅和帝企鹅同样喜欢群居，在南极大陆的冰架或在南极周围海面的海冰和浮冰上，经常可以看到成群结队的王企鹅和帝企鹅聚集的盛况。

❖ 帝企鹅

王企鹅与帝企鹅

18 世纪初，探险家们在南极附近的岛上（亚南极岛屿）发现了一些"大企鹅"，这些大企鹅的成年个体身高达到 90 厘米左右，体重为 15~16 千克，被认为是最大的企鹅。

1773 年，德国博物学家约翰·莱因霍尔德·福斯特在和库克船长出海航行时，在南极山脉、罗斯海与罗斯冰棚的交界处也发现了一些"大企鹅"，其成年个体的身高达到 120 厘米，他当时并未觉得这些"大企鹅"与 18 世纪初发现的"大企鹅"有何不同。

1778 年，英国自然插画师约翰·弗雷德里克·米勒在画"大企鹅"的时候，将两种企鹅统一命名为"King Penguin"（国王企鹅），即王企鹅。

直到 1844 年，英国动物学家乔治·罗伯特·格雷通过对比这两种企鹅，认为它们并不完全相同。因此，人们依旧使用"王企鹅"的名字称呼 18 世纪初发现的那种企鹅，而新发现的企鹅更大，所以将其命名为"Emperor Penguin"（皇帝企鹅），即"帝企鹅"。

帝企鹅和王企鹅的不同之处

王企鹅比帝企鹅更绅士：王企鹅的外形与帝企鹅相似，其体型大小仅次于帝企鹅，长相"绅士"，是南极企鹅中姿势最优雅、性情最温顺、外貌最漂亮的一种。

步速不同：王企鹅步行时显得比帝企鹅笨拙，但遇到敌害时可将腹部贴于地面，以双翅快速滑雪，后肢蹬行，速度很快。

❖　　　　王企鹅与帝企鹅的区别

这两种企鹅外形最显著的区别就是王企鹅身上是橘红色色块，而帝企鹅身上则是黄色色块；王企鹅的脑后也有一个大大的橘红色色块，而帝企鹅则没有。

❖ 王企鹅

头部不同：它们最显著的特点是脖子下有一片橙黄色的羽毛，耳朵边最深，向肚子扩展并逐渐变淡。王企鹅颈侧的黄色羽毛颜色比帝企鹅的更艳丽、面积更大；而帝企鹅耳后的颜色向下渐变至白色。王企鹅的喙上部黑色和下部粉色、橘色或淡紫色区域的形状都比帝企鹅的稍微大一点。

身体不同：正面一看就能够看出帝企鹅的躯体比王企鹅的更宽阔些，王企鹅的身材比帝企鹅的稍苗条些，帝企鹅的脖子较短。

繁殖期不同：这两种企鹅中的雌企鹅只负责产蛋，都是由雄企鹅负责孵化，但是帝企鹅在冬天繁殖，而王企鹅则在夏天繁殖。

幼崽不同：虽然两种企鹅中的雌企鹅每次都是只产下一枚蛋，但是孵化出来的幼崽差别很大。帝企鹅的幼崽像只小雪球，全身为银灰色绒毛，头部为黑色，更像企鹅。而王企鹅的幼崽则呈灰土黄色，更像一个长了脑袋的猕猴桃。

生存最先遭受威胁

大部分企鹅生活在靠近南极洲的岛屿上，而全球气候变暖导致这里的冰川融化，海平面上升，使企鹅栖息地附近的食物锐减，它们觅食的范围也越来越小，气候变化正严重威胁着这一物种的生存。

2009 年 3 月 25 日，杭州极地海洋公园内的"南极企鹅岛"中迎来了来自南极的王企鹅小情侣迪克和格瑞司。这是中国首次引进王企鹅情侣。

帝企鹅是现存企鹅中体型最大的，而王企鹅则是第二大的。看到这里读者不禁会问，还有更大的企鹅吗？事实上确实有，阿根廷拉塔博物馆通过研究已灭绝的卡式古冠企鹅的化石，估计它们的体长超过 2 米，重达 115 千克。

企鹅体内厚厚的脂肪层有 3~4 厘米，特别是大腹便便的帝企鹅的脂肪更厚。在极寒天气中，王企鹅和帝企鹅会停止进食，为了储存热量，它们会把脚、鳍和头蜷缩成浑圆状，靠厚厚的脂肪保持体温和抵抗寒冷。

达尔文雀

　　伊莎贝拉岛地处特殊自然环境，奇花异草荟萃，珍禽怪兽云集，被称为"生物进化活博物馆"和全世界上唯一不能被复制的地方，达尔文到此一游后，被这里的环境深深吸引。通过考察，达尔文发现了一种能完美地诠释他的自然选择学说的鸟雀，这种鸟雀被后人称为达尔文雀。

❖ 达尔文

　　达尔文雀是达尔文在加拉帕戈斯群岛的伊莎贝拉岛上发现的，这些鸟雀的羽毛颜色均为暗色，体型相似，体长 10~12 厘米，种间最明显的区别是喙部的形状和大小各异。达尔文雀粗略一看形态都差不多，但身体大小不同，鸟喙的大小、形状差别很大。

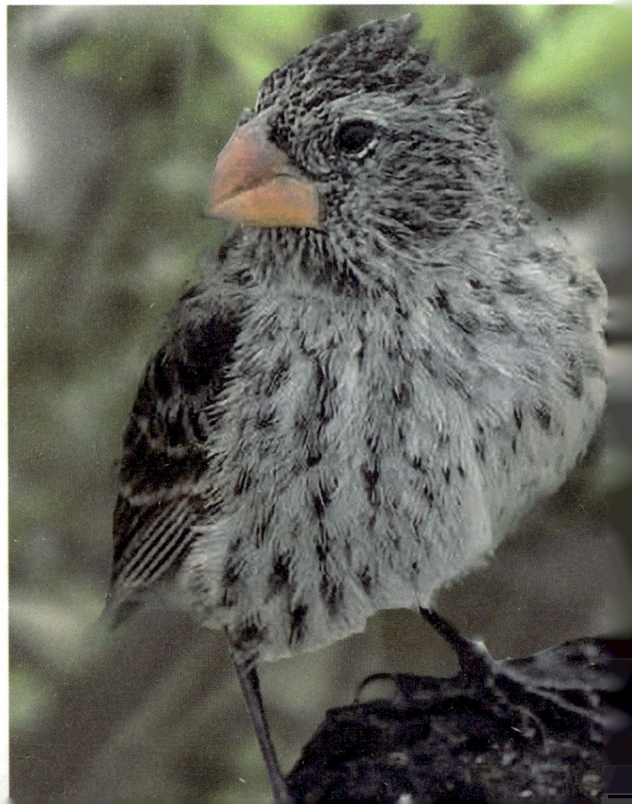

加拉帕戈斯群岛的意思是"巨龟之岛"。后来，该群岛被厄瓜多尔共和国统治，继而有了"科隆群岛"这个新名字。

加拉帕戈斯群岛 80% 的鸟类、97% 的爬行动物与哺乳动物、30% 的植物以及 20% 的海洋生物都是特有的。共有 86 种特有的脊椎动物，其中 8 种哺乳动物、33 种爬行动物、45 种鸟类；101 种特有的无脊椎动物；168 种特有的植物。

❖ 达尔文雀

独特而完整的生态系统

200万年前，太平洋东部海域的海底火山喷出的岩浆冷却后形成了许多大小不同的岛屿，被统称为加拉帕戈斯群岛，这是一群与世隔绝的岛屿，其中最大的一座岛屿就是伊莎贝拉岛。

伊莎贝拉岛中央屹立着5个高达1689米的火山口，有的火山口常年积水成湖，像一颗颗明珠一样反射着太阳光，璀璨夺目，其中还有两个是活火山，火山口与沿海沙质地带之间是覆盖着林木、藤本植物和兰花的丘陵地带。

为了保护伊莎贝拉岛的原始生态，整座岛上没有任何跨岛公路或隧道，该岛东南端的维利亚米尔港是中心城镇，这里居住着岛上的大多数居民。

不被重视的雀鸟

1835年，26岁的达尔文跟随英国海军测量船"贝格尔（小猎犬）"号，来到加拉帕戈斯群岛，其最主要的落脚点就是伊莎贝拉岛。

❖ 伊莎贝拉岛美景

伊莎贝拉岛是加拉帕戈斯群岛中最具代表性的一座岛屿，它形如一只棕色的海马。在大航海时代，这里长期被西班牙统治，因此以西班牙女王伊莎贝拉一世的名字命名。

加拉帕戈斯群岛上除了达尔文雀外，还发现2种哺乳动物、5种爬行动物、6种鸣禽和5种其他类群的鸟类。这些动物跟它们生活在内陆的同类相比，大多数没有明显的差别，但岛上的大陆龟、嘲鸫和达尔文雀却跟它们的大陆同类有明显的不同。

❖ "贝格尔（小猎犬）"号

"贝格尔"号也叫"小猎犬"号，是一艘老式双桅方帆小型军舰，船长27米，能运载120余人，装备有10门大炮。首航（1826—1830年）的船长不堪重负，在探险途中饮弹自尽；次航时（1831—1836年），"贝格尔"号搭载达尔文随船考察，绕地球一圈，于1836年10月2日回到英国。

加拉帕戈斯群岛长期与世隔绝，这里的动植物自由生长发育，从而造就了岛上独特而完整的生态系统。群岛的各座岛屿都拥有不少罕见的花草树木和飞禽走兽，如象龟、雀、企鹅、海狮、海鬣蜥、陆鬣蜥、叶趾虎等，其中的许多物种在世界上都是独一无二的，如不会飞的鸬鹚、企鹅，还有生活了百年的象龟等；还有一些体型很小、羽色暗淡的雀鸟（即达尔文雀），但这些小雀当时并未引起达尔文的特别注意，仅作为鸟类标本被收集。

达尔文通过研究岛上的物种，为他的进化论寻找到了有力的证据，随后1859年发表了《物种起源》第一版，其中有关这种小雀的描述只有寥寥几笔。

被后人称为达尔文雀

后来，英国著名鸟类分类学家约翰·古尔德在研究达尔文收集的鸟类标本时，发现这种雀在加拉帕戈斯群岛的不同岛上的标本的喙部（就是嘴）长得都不一样，有的岛上的雀的喙部是弯的，因为需要靠它捡食地上的果实；有的岛上的雀的喙部是尖的，因为需要靠它啄食树木里面的虫子等，不同岛屿的鸟的喙部结构差异，是为了适应不同的食物而进化出来的，这是自然选择的结果。

伊莎贝拉岛象龟是加拉帕戈斯群岛巨龟种群中最大的一种，成年龟体长1.5米，平均体重175千克，最高纪录为400千克，是地球上最大的龟。

❖ 伊莎贝拉岛象龟

约翰·古尔德对小雀的研究发现，得到达尔文的重视。达尔文经过研究后，在《物种起源》第二版中加入了对这种小雀的描述："这些在加拉帕戈斯群岛上生活的土著雀鸟实在令人感兴趣，它们是由一个种分化出来，而适应了不同的生活环境。"这种小雀为达尔文的自然选择学说奠定了基石，因此，它被后人称为达尔文雀。

因《物种起源》而出名

加拉帕戈斯群岛是由一群小火山岛组成的，而这些小岛坐落在太平洋的赤道线上，它们距离南美洲有960多千米，离波利尼西亚有480多千米，大约在距今100万年以前，由于火山爆发，这些小岛被推出洋面，因此，它们从未跟任何大陆相连过，各种陆地动物很难跨越宽广的海洋来到这些岛上栖息。这些小岛就如同天然的封闭实验室，岛上的动物在无外界干扰的情况下单独进化。

达尔文的《物种起源》发表之后，加拉帕戈斯群岛轰动天下，成了许多生物学家及爱好生物的人士必去的"圣地"之一。后来，人们为了纪念达尔文，便在加拉帕戈斯群岛的圣克里斯托瓦尔岛上建立了达尔文的半身铜像纪念碑及生物考察站。

❖ 沙宾叶趾虎

沙宾叶趾虎只分布在伊莎贝拉岛北部的沃尔夫火山上，全部栖息地面积不足250平方千米。

❖ 伊莎贝拉岛上深邃的火山洞

海鬣蜥是世界上唯一在水中觅食的鬣蜥，一般为黑色，也有砖红色或深绿色的。它们会上岸休息，晒太阳后身体会变色。

加拉帕戈斯群岛素来以独特的爬行动物闻名，岛上有12种叶趾虎，其中更有11种是加拉帕戈斯群岛特有的。沙宾叶趾虎、辛普森叶趾虎、粉红陆鬣蜥，以及塞罗·阿苏尔火山象龟都生活在伊莎贝拉岛北部的沃尔夫火山上，属于特有品种。

圣诞岛红蟹

圣诞岛红蟹是东南亚紫蟹的变种，每当圣诞岛红蟹产卵季，也就是热带雨季时，上亿只圣诞岛红蟹会浩浩荡荡地奔向印度洋海岸繁殖。铺天盖地的圣诞岛红蟹大军染红了山坡、公路、森林，令人叹为观止。

圣诞岛红蟹又称红地蟹，是一种仅生活在印度洋上圣诞岛和科科斯岛的陆蟹，寿命可达 35 年，以每年群体大迁徙产卵而闻名。

喜欢生活在潮湿的地方

1643 年圣诞前夜，英国航海家威廉·迈纳斯船长发现该岛，将其命名为"圣诞岛"，但他并未能成功登陆该岛。

圣诞岛红蟹是东南亚紫蟹的变种，其壳体的宽度大约为 11.5 厘米，额部中央具第一、第二对触角，外侧是有柄的复眼。圣诞岛红蟹的腹部已退化，变得扁平，雄蟹腹部窄长，雌蟹腹部宽阔。它们大多喜欢生活在潮湿的地方，在丛林中挖洞栖息，在岩石缝隙中潜伏，甚至在人类花园的灌木丛中筑巢，圣诞岛红蟹除了繁殖季之外，其他时间都喜欢独居，不能容忍有同类合住。

❖ 遍布路上的圣诞岛红蟹

❖ 圣诞岛红蟹正面
圣诞岛红蟹的螯非常坚硬，可以刺穿汽车轮胎。

❖ 圣诞岛红蟹侧面

繁殖速度很快

圣诞岛红蟹属于杂食性动物，而圣诞岛气候温和，平均气温 21~32℃，湿度高达 80%~90%，大部分被热带雨林覆盖，植物落下的叶、花、水果，以及花卉和苗木都是圣诞岛红蟹的食物。

❖ 浩浩荡荡的圣诞岛红蟹

❖ 海边铺天盖地的幼蟹

❖ 圣诞岛搞笑的警示牌

警示牌内容："请捡起你的烟头，螃蟹会在晚上爬出来抽这些烟头，我们正在试着让它们戒烟。"

除了圣诞岛红蟹会迁徙外，圣诞岛还有十几种其他的螃蟹会在雨季迁徙。其中椰子蟹也被称作"椰肉蟹"，是当地最大的螃蟹。

❖ 椰子蟹标牌

在圣诞岛上，圣诞岛红蟹几乎没有竞争对手，也没有天敌，所以繁殖速度很快，圣诞岛红蟹的"队伍"不断壮大，据估算，目前岛上的圣诞岛红蟹大约已有1.2亿只。

浩浩荡荡的迁徙大军

圣诞岛的雨季期间，岛上的圣诞岛红蟹就会像受到了某种神秘力量的召唤，从各自的巢穴中"倾巢而出"，浩浩荡荡地前往海边交配产卵。在圣诞岛红蟹迁徙的高峰期，圣诞岛上的公路上、山坡上、丛林间，都会被一片红

❖ 圣诞岛红蟹迁徙，封闭道路

色的"蟹海"淹没，整座圣诞岛上像是铺了红地毯，朝着印度洋一路而去。

圣诞岛红蟹需要迁徙 5 千米，大概爬行一星期才能到达海岸。一般情况下，公蟹会比母蟹早到一两天，提前将洞穴挖好，等待母蟹到达后交配。完成交配后公蟹便离开洞穴，毫不留恋地返回森林。母蟹完成交配后，便会在海水中产卵，卵孵化成小蟹后，小蟹会在水中大约生活 25 天，然后数百万只身体不到 3 厘米长的小蟹，又会成群结队地涌向它们父母生活的森林。

迁徙季，被按下了暂停键

圣诞岛红蟹的整个迁徙过程会耗时几个月，在这期间，岛上仿佛被按下了暂停键，比如，岛上所有的道路都会暂时封闭，禁止几乎所有的机动车通行；岛上许多地方都加设了"小心螃蟹"的路标；圣诞岛红蟹迁徙对岛民的生活影响很大，期间经常能听到"螃蟹过街，横行霸道！"的喊声。不过，为了保护大自然中的这种神奇景象，当地政府一点都不手软。

圣诞岛红蟹在迁徙期间，真的很喜欢用螯捡起路上的烟头，作抽烟状。

❖ "抽烟"的圣诞岛红蟹

大海雀

企鹅的英文名字为"Penguin"，最开始叫这个名字的并不是如今生活在南极的企鹅，而是生活在北极圈的大海雀。由于大海雀被过度捕杀，已经在地球上绝迹，南极的企鹅才能独享这个听上去憨厚、蠢萌的名字。

大海雀曾成群地繁殖于北大西洋沿岸的岩石岛屿，向南远到美国的佛罗里达州、西班牙和意大利均曾发现过它们的化石。

大海雀和企鹅属于两个物种

大海雀为水生鸟，不会飞，体型粗壮，腹部呈白色，头到背呈黑色，可以使用翅膀在水下游泳，它们在岸上非常笨拙，但是在水中却是另一番模样，能够高速游泳并随时转向。

大海雀除繁殖季节外，很少在陆地上生活，它们喜欢集体活动，常常成百上千只地聚集在一起，在海面上漂浮或潜入海中捕食小鱼、小虾等。为了捕食水中的鱼类，大海雀往往要潜入 60 米深的水下。有研究表明，它们最深能够潜到 1000 米，在水下的时间可达 15 分钟。

英国自然历史博物馆一共收藏了 6 枚大海雀蛋，都被保存在博物馆的密室中，就连博物馆的工作人员都很少有人见过它们。

❖ 英国自然历史博物馆展出的大海雀标本和大海雀蛋

❖ **大海雀雕像**
在纽芬兰岛一处公元前 2000 年的墓穴的陪葬品中，发现一件由 200 只大海雀皮毛制作的衣服。

❖ **一群大海雀**

❖ **捕杀大海雀**

大海雀与企鹅长得很像，不过它与企鹅是完全不同的两个物种。大海雀至少历经 300 万年的进化才在北大西洋沿岸扎根生活，然而，自从人类发现它，仅 1000 多年的时间就使它灭绝了。

大海雀灭绝的真正原因

最早可以追溯到旧石器时代，斯堪的纳维亚半岛和北美东部地区的原住民就有捕捉大海雀的记录，因为大海雀的羽毛保温性能强，适合用来抵御北极寒冷的气候，因此，大量的大海雀被捕杀，它们的羽毛被做成了防寒被服等，肉和蛋则成了美食。

随着时间向近现代推进，人类文明对大海雀生存环境的影响越来越大，尤其是轰轰烈烈的北极探险成了大海雀的梦魇。大批的探险家接踵而至，他们初见大海雀时，给这些憨厚且不惧怕人类的大鸟起名

❖ 捕杀大海雀

大海雀的繁殖能力不强，它们是一夫一妻制，一对大海雀每年产下一枚 12.5 厘米长的蛋，蛋上有黑色的斑点和条纹。经过 6 个月的孵化，小鸟才会破壳而出。

公元 5 世纪，加拿大的拉布拉多地区就有宰杀大海雀的记录。

埃尔德岩岛说是一座岛，实际上顶多算是一块巨石，而且光秃秃的，这是大海雀最后的庇护所，最后一对大海雀就是在这里被残杀的。

❖ 埃尔德岩岛

为 "Penguin"（企鹅），在那个海上食物不够丰盛的年代，大海雀成了探险家们的食物来源，它们被疯狂捕杀，数量急剧减少。

仅剩两座小岛还有大海雀

到 16 世纪时，大海雀在北极和大西洋沿岸几乎已经销声匿迹，仅剩冰岛南部远离大陆的一些小岛上还有一些大海雀在繁衍生息。但是，人类并没有停止对它们的捕杀，最后，只剩下在冰岛西南的盖尔菲格拉岛和埃尔德岩岛上还有大海雀的踪迹，由于盖尔菲格拉岛交通非常不便，人们很难涉足此地，无意中保护了大海雀。

然而，祸不单行，1830 年，盖尔菲格拉岛上的火山爆发，整座小岛几乎被火山摧毁，这场灾难使大多数大海雀丧生，幸免于难的大海雀都迁往埃尔德岩岛继续生活。这时，欧洲各国政府认为这种生物有灭绝的危险，开始签署保护令，禁止人们捕杀大海雀。然而，这种保护却更加刺激了那些喜欢搜集珍禽异兽标本的博物馆和贵族们，他们花大价钱从民间非法渠道获取大海雀的标本。盖尔菲格拉岛火山爆发 10 年后，大海雀几乎绝迹。

最后一对大海雀被掐死了

1844 年，有些博物馆公然刊登广告，高价征集大海雀的标本，宣称："获得这份标本是为了向公众宣传保护 Penguin 的意义……"

在金钱的诱惑下，1844 年 7 月 3 日，三名冰岛渔夫和往常一样在埃尔德岩岛附近搜索大海雀，他们忽然发现一只大海雀从水中钻出，三人紧随其后，当大海雀进窝的时候，他们冲上去，发现窝内还有一只大海雀在孵蛋，于是，两只大海雀被一人一只直接抓住掐死，另一人因手忙脚乱将正在孵化的蛋踩得粉碎，至此，地球上最后一对大海雀死亡。讽刺的是，这对大海雀被杀害的原因却是博物馆出高价求购大海雀的标本，用来向公众宣传保护大海雀的意义。

大海雀灭绝之后，"Penguin"这个名字就属于南极企鹅独享了，北极的"Penguin"则用威尔士语中的"Pengwyn"来表示，指"头上有块白的大海雀"。大海雀这种曾遍及北极圈的奇特生物，因为人类的贪婪和欲望而彻底灭绝，如今只能在博物馆中看到它们的标本。

❖ 盖尔菲格拉岛

盖尔菲格拉岛曾是大海雀的天堂，最多时达十万只大海雀在岛上栖息。

19 世纪 80 年代，小说家查尔斯·金斯莱在经典儿童作品《水孩子》中，以讽刺的手法刻画了一只站在"孤独石"上的大海雀形象。大海雀成了一种神秘的生物，但后世的人们再也无法目睹它们的风采了。

法国探险家雅克·卡蒂埃（1491—1557 年）就曾在日记中写道："已经吃了好久的干肉和腌肉，看到这群肥胖的大鸟时，整艘船的人都很兴奋，它们简直比鹅还大！它们的数量很多，还不到半个小时，我们就抓了整整两艘船的大鸟。"该日记中说的大鸟就是大海雀。

到了 1900 年，大海雀的价格更是涨到了每只 350 英镑，按当时的价格来计算，这完全可以在伦敦购买三四栋房子。

❖ 大海雀骨架

如今有记录的散落在世界各地博物馆中的一共有 78 件大海雀皮毛、75 枚大海雀蛋、上千根大海雀的骨骼，还有寥寥 24 具完整骨架。

弓头鲸

自 然 界 中 的 老 寿 星

弓头鲸因弓状头颅而得名，它是世界上最长寿的鲸，也是最稀有的鲸，全世界不到6000头，属于濒临灭绝的物种，也是严禁捕杀的对象。

弓头鲸是露脊鲸四大家族中最大的种群，生活在北冰洋、白令海和鄂霍次克海中，但在冬季也可能会出现在更往南一些的海域。

据因纽特人介绍，弓头鲸可以撞穿60厘米厚的冰层。

颅骨大、鲸须长

弓头鲸的鲸脂厚达43~50厘米，比任何其他动物的都厚。

弓头鲸又称北极鲸、北极露脊鲸、格陵兰鲸、巨极地鲸、格陵兰露脊鲸，是一种海洋哺乳动物。

弓头鲸像个大头娃娃，弓形颅骨大而厚实，体型粗壮，体色呈深色，无背鳍，上颚窄，下颚呈弓形，成年后平均体长15~18米，老鲸可达21米（雌鲸比雄鲸大），头占身体的1/10长。

另外，弓头鲸的鲸须很长，一头身长15~18米的弓头鲸，其鲸须长达3米，而身长20~30米的蓝鲸（地球上生

弓头鲸主要生活在北冰洋及邻近海域中，因此也被称为"北极鲸"。因为它们喜欢慢悠悠地将大部分背脊露出来，因此又被叫作"北极露脊鲸"。

❖ 弓头鲸

44

❖ 露脊鲸喷水

不管是影视还是书籍等作品中，我们时常能看到鲸喷水的场景，事实上，鲸喷出来的不是海水，而是气体。

鲸是哺乳动物，和人一样需要呼吸，所以它们会浮出海面呼吸，呼出来的是体内的废气，废气接触到外面的冷空气后就变成白雾状，它和寒冬中人们口中会呼出哈气是一样的道理。

弓头鲸的交配方式一般是一雄一雌或数组雄性群体与 1~2 头雌鲸在一起交配。每 3~5 年，雌鲸会诞下一头幼鲸，幼鲸出生时长约 4.5 米，重 1 吨。1 岁时可成长至 9 米。

❖ 跃出水面的弓头鲸

存过的体积最大的动物），其鲸须长才 1 米。弓头鲸的鲸须是同类动物中最长的，好似龙王爷的胡子。

队形整齐的扑食方式

弓头鲸的游泳速度缓慢，潜水能力弱，它们很难主动追击猎物，而是滤食海水中的磷虾和浮游生物为食。不过，它们进食的方式非常独特且极具章法。

弓头鲸在进食时，会三三两两的，最多可达十多头，自动集结成一个梯队，如同一字排开的战列舰，并从侧面偏出半个至 3 个体长的距离排着队，集体张着大嘴，下颚以不同角度下垂，等待海水夹带着虾群和鱼群灌入其大大张开的嘴里。在此期间，吃饱的队友会离开，其他的队友又会将位置补上，这样轮流替补着，保持进食队形好几天才慢慢散去。

结队摄食可使弓头鲸捕食更轻松，而且几乎可以将鱼群和虾群一网打尽，当然也有一些弓头鲸会单独进食，但是只要有两头以上的弓头鲸在一起进食，它们就会自动组成编队捕食。

越得瑟越能吸引异性

弓头鲸在 10~15 岁时达到性成熟，与大多数鲸的求爱方式一样，它们会从嗓子里发出声音来吸引异性，不过，弓头鲸的嗓音更浑厚，也更多变，并且能将两种声音糅合在一起，"唱"出独特的歌曲。更让人惊奇的是，弓头鲸还能够不断改进歌曲，创作出更为复杂的曲子。此外，弓头鲸还会在水中翩翩起舞，如跃出水面、在水面拍打尾巴和在水中直立等。这些都是弓头鲸求偶的必备技能，总之，弓头鲸的歌声和舞蹈的花样越多，就越能吸引异性。除此之外，弓头鲸的歌声还是迁移、进食和社交时互相沟通、传递信息的一种方式。

❖ 弓头鲸有长长的鲸须

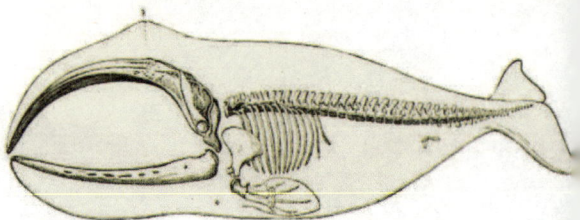

❖ 弓头鲸骨架图

水支撑了鲸类如此庞大的躯体，使它们不至于被自己的肉压死。如果没有水，大型鲸类会分分钟压断自己的骨头。

研究显示，雌性弓头鲸到了 90 岁仍然有生殖能力。由于其寿命之长，雌性弓头鲸也可能有更年期的现象。

因纽特人捕杀弓头鲸后，会将鲸肉留下来食用，鲸须则可以换到其他生活用品。

19 世纪，撑起欧洲女人裙子的最好的材料就是鲸须，它很柔软、轻且不容易折断。

❖ 鲸须做的内衣

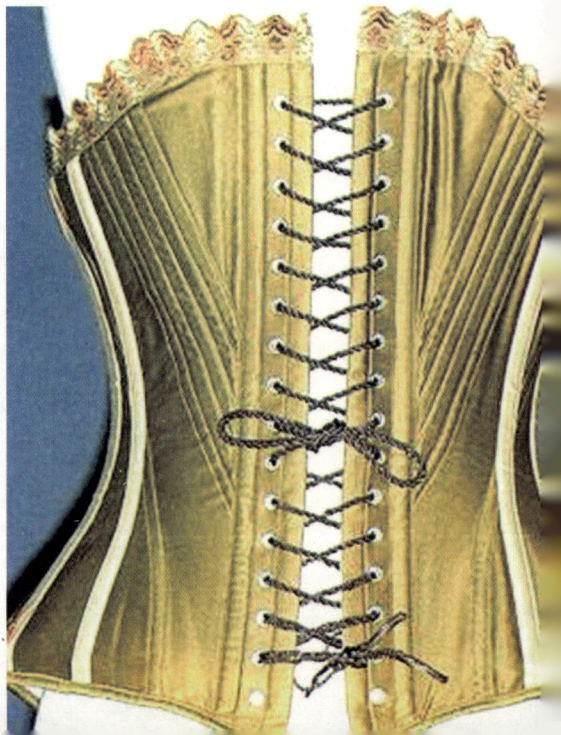

❖ 因纽特人的一家—1917 年
与商业捕鲸不同，在因纽特人眼中，弓头鲸是上苍赐予的礼物。弓头鲸的肉和油脂为他们提供了营养与能量，可以说没有弓头鲸的话，因纽特人可能也传承不到现在。

雌性弓头鲸每 3~5 年生产一次，且在冬季进行。怀孕期约 1 年，这对弓头鲸繁殖下一代是很严峻的考验。

据科学家历时 3 年的研究发现，生活在北冰洋的弓头鲸能"唱"出 184 首不同的歌，堪称鲸界的"歌神"。

弓头鲸的游泳速度很慢，最快时也只有时速 5 海里，很容易被猎物追杀。

众所周知，捕鲸是因纽特人的文化核心，因纽特人的历史是与捕鲸分不开的，正是因为捕鲸，他们才得以在寒冷的环境中生存下来，因纽特人主要捕的是弓头鲸。

来自 19 世纪老式鱼叉的尖头

澳大利亚科学家通过研究弓头鲸的 42 个基因，证实它们的寿命可达到 211 岁左右。

通常情况下，人们能找到超过 100 岁的鲸已经是非常难得。不过，2007 年 5 月，一群因纽特人在美国阿拉斯加海岸捕杀了一头身长约 15 米、重 50 吨的雄性弓头鲸，并在它的颈部骨头里发现了一个 3.5 英寸（8.89 厘米）长的老式鱼叉的尖头，而这种鱼叉仅产于 1879—1885 年，通过这柄鱼叉的尖头，可以证明这头弓头鲸早在 1 个多世纪以前躲过了一次捕杀。根据科学家推算，这头鲸的年龄应该为 115~130 岁，因此，它也是迄今为止人们对鲸年龄"最精确的测算"。

受到灭绝威胁

最早，在北极及周边海域生存着超过 5 万头弓头鲸，然而，它们由于极具价值的鲸脂、鲸油、鲸骨和鲸须而遭到人类的大肆捕猎，加上繁殖速度缓慢，其族群数量迅速减少，因此，科学家对弓头鲸的未来充满担忧。

从 20 世纪中期起，北极地区的石油和天然气的勘探和开采活动，以及环境威胁，如污染和旅游，也直接影响了弓头鲸的生存。如今，弓头鲸已是"受到灭绝威胁的物种"。

苏眉鱼

苏眉鱼是世界上最大的珊瑚鱼类，成年后通体铁蓝色并长出突出的嘴唇，其高凸的额头犹如拿破仑的帽子，因而被英国人戏称为"拿破仑鱼"。

❖ 苏眉鱼的嘴唇

❖ 苏眉鱼凸出的额头

苏眉鱼又被称作隆头鱼、隆头濑鱼、毛利濑鱼或波纹唇鱼，而拿破仑鱼是英国人对苏眉鱼的一种称呼。苏眉鱼名字中的"苏眉"两字源于这种鱼眼睛后方两道状如眉毛的条纹。

"拿破仑鱼"是英国人的戏称

在美国独立战争期间，法国人帮助美国人对付英国人，在法国的经济、军事的双重夹击下，英国非常被动，丢掉了北美十三州的殖民地。英国岂能善罢甘休，其多次与普鲁士、奥地利、荷兰、萨丁尼亚、汉诺威组成反法同盟，对法国进行武装干涉。

❖ 躲入珊瑚的苏眉鱼

苏眉鱼是最大的珊瑚鱼，但却很胆小，很容易受到惊吓，并会在受惊吓时躲入珊瑚丛。

　　1799 年 11 月 9 日，拿破仑发动军事政变，掌握了法国的军政大权，准备统兵进攻英国，拿破仑的举动使英国人很不安，头戴帽子的拿破仑的形象更成了英国人的眼中钉。而大型苏眉鱼因高高隆起的额头与拿破仑戴的帽子非常像，所以被英国人戏称为"拿破仑鱼"，凡有捕获苏眉鱼的渔民，都会高喊叫卖"拿破仑鱼"，这给当时英国和法国之间一触即发的形势增添了几许幽默。

苏眉鱼性情温和，深受潜水爱好者喜欢，因为它甚至允许潜水员触摸它。

❖ 拿破仑戴过的帽子

2014 年，法国枫丹白露市的一场拍卖会上，一顶拿破仑曾经戴过的帽子拍出了 180 万欧元的高价。

49

❖ 油画中的拿破仑

天敌少，寿命长

苏眉鱼是珊瑚鱼类中体型最大、寿命最长的，一般可活 30 年以上。苏眉鱼的天敌很少，自然死亡率较低，曾广泛分布于印度洋和太平洋中，长期以来一直被当作经济鱼类进行交易。由于苏眉鱼肉质鲜嫩，一直是很有名的美味，随着捕捞的增多，它们的数量越来越少，价格也变得越来越昂贵，然而昂贵的价格刺激了更多人去捕捉，这更使苏眉鱼的种群密度急剧下降，不足原来的 1/10，在有些地区甚至已经灭绝了。

目前，发现的最长寿的苏眉鱼的年龄超过 50 岁，其长达 2.5 米，重达 191 千克。成年苏眉鱼斑纹明显，色彩艳丽，并且每条苏眉鱼的面部都具有独特的花纹，这些花纹从眼睛处向外辐射，就如人类的指纹一样。

苏眉鱼属于雌雄同体、雌性先熟鱼类，这类鱼的一个重要特征是可以在一定的时期改变性别。大部分苏眉鱼出生后即保持性别不变，只有一小部分成年雌性苏眉鱼有机会变为雄性，这一小部分中较大的雌性苏眉鱼才有机会变为超雄性，这种情形常发生在另一个超雄性苏眉鱼首领死去时。超雄性苏眉鱼是一群苏眉鱼的首领，它比所有其他雄性苏眉鱼都大，有独特的颜色和花纹。

儒艮

海 洋 中 的 美 人 鱼

"美人鱼"是童话、神话故事、志怪小说、玄幻小说、古代传说以及史书记载中著名的艺术形象，特别是丹麦著名作家安徒生的童话《海的女儿》中的美人鱼更是打动了不知多少人的心。"美人鱼"一直是谜一样的存在，直到19世纪，人类才逐渐揭开了"美人鱼"的面纱。

传说中的美人鱼有漂亮的鱼尾、天使般的面孔，她们的声音有着蛊惑人心的魅力。以美人鱼为主题的影视剧及文学作品众多，如电影《美人鱼》、安徒生的童话《海的女儿》、唐娜·乔·娜波莉的奇幻小说《海妖悲歌》等。

欧洲关于"美人鱼"的传说

欧洲关于"美人鱼"的传说可以追溯到几个世纪以前，当时很多欧洲航海家们在探索海洋的过程中都有关于美人鱼的见闻记录。1522年，麦哲伦在环球航行的时候曾发现过一条美人鱼，并且将其记载在日记中；1608年，英国航海家亨利·哈德逊也曾有过关于美人鱼的记录；此外，关于美人鱼的传闻在欧洲的水手之中从未间断过，有水手曾这样描述关于美人鱼的见闻："探险船迎着黄昏或者日出时，常常会透过弥漫的水雾，看到海岸线不远处，会有袒胸露乳的美丽'女人'，下身像鱼一样，在游泳、嬉戏，或者抱着'婴儿'在胸前喂奶。她们时而出现，时而又消失在迷雾之中……"

❖《海的女儿》剧照
电影《海的女儿》由安徒生的同名童话故事改编。

❖ 菲律宾电视剧中的美人鱼
世界各地都曾拍摄过与美人鱼相关的影视剧。

51

❖《述异记》中的鲛人

成功捕获了一条“美人鱼”

中国很早就有对美人鱼的记载，《山海经》中就记载了“鲮鱼”这种像人又像鱼的生物，《述异记》中将人鱼说成鲛人：“南海有鲛人，身为鱼形，出没海上，能纺会织，哭时落泪。”

1975 年 10 月，广西海战大队与科研人员在渔民的指引下，在北部湾海域成功捕获了一条“美人鱼”，后来经过科研人员和海洋学家的分析，这种生物叫儒艮。

20 世纪 90 年代，舟山群岛曾有渔民报案，称其看到海边礁石上有一个头发凌乱的女人，下身是鱼尾的样子，在不断低沉地哭泣。工作人员赶到海边后，发现海面异常的平静，什么都没有。此事登报后，搞得沸沸扬扬，后来当成了闹剧不了了之。

儒艮是海洋草食性哺乳动物

儒艮是西太平洋和印度洋的热带及亚热带沿岸和岛屿水域的一种极为特别的动物，为海洋草食性哺乳动物。

儒艮的身体呈纺锤形，成体平均长约 2.7 米，最长可达 3.3 米，皮肤较光滑，有稀疏的短毛。它们的背面灰白，腹面颜色稍浅。身体的后部侧扁，头部较小，略呈圆形，眼睛和耳朵都比较小，嘴吻向下弯曲，其前端长有短密刚毛的吻盘，

在广西北部湾海域，常有渔民发现美人鱼的存在，1975 年国家组织了一次规模巨大的围捕行动。在渔民的帮助下，科学家们利用当时最先进的电子雷达设备，捞到了一条渔民口中的“美人鱼”。
❖ 1975 年捕捉“美人鱼”的场景

鼻孔在吻端背面。尾叶水平，略呈三角形，后缘中央有 1 个缺刻。每当哺乳季，雌儒艮会用胸鳍抱着幼仔，露出海面喂奶，偶尔会头顶着水草浮出水面，所以在傍晚或月色朦胧中常让人产生错觉，误认为是"美人鱼"在喂养小孩。

以海生植物为生

儒艮行动缓慢，性情温顺，视力差，听觉灵敏，平日呈昏睡状，喜欢在距海岸 20 米左右的海草丛中出没，以海床上的植物为食，包括多种海生植物的根、茎、叶与部分藻类等，常会吃掉整株植物。有时会跟随着水底的水草分布，随潮水进入河口，取食后又会随退潮回到海中。

儒艮对海温和水质有很高的要求，它们从不去冷海，喜欢同家族 2~3 条一起活动，有时也会与其他家族的儒艮一起，最多时会有数百条以上一起觅食，吃饱后便会找块岩石晒太阳或躲在一个角落睡觉；或隐蔽在条件良好的海草区底部，定期浮出水面呼吸。儒艮生性害羞，只要稍稍受到惊吓，就会立即逃避。

自 4000 年前起，人类发现儒艮肉是美食、脂可榨油、骨可雕刻、皮可制革后，便开始对它们大肆捕杀，如今，随着生态环境不断恶化，儒艮的数量已极为稀少，成为濒危物种。

儒艮尾叶水平，略呈三角形，后缘中央有 1 个缺刻。
❖ 觅食的儒艮

矛尾鱼

　　矛尾鱼是当之无愧的"十大活化石物种"之首，这种鱼类被认为在白垩纪末期就已从地球上灭绝，但在 1938 年之后，非洲多个国家陆续发现了矛尾鱼。

❖ 矛尾鱼外形示意图

矛尾鱼除了是活化石外，还很有可能是"全陆生脊椎动物的祖先"！

　　矛尾鱼又名腔棘鱼、拉蒂迈鱼，主要生活在海洋底部，偶尔也会游至海面，其最早的历史可追溯至 4.1 亿年前，曾一度被认为已灭绝，但是自 1938 年以后，矛尾鱼的活体不断在南部非洲的科摩罗群岛被发现，故被称为"活化石"。

矛尾鱼极其稀少

　　矛尾鱼可活 80~100 岁，其体长 2 米左右，体呈长梭形，躯体粗壮，鱼鳞似铁甲，尾鳍似短矛，头大口宽，牙齿锐利，肉食性，以冲刺方式捕食，专吃乌贼、鱿鱼、线鳗、细小的鲨鱼及其他生活在深海海底的鱼类。目前，矛尾鱼主要分布于南部非洲东南沿海，一般栖息在 50~200 米的深海，最深可达 700 米的海中。

　　1938 年 12 月 22 日，在印度洋南非沿岸东伦敦西部约 70 米深的海区，由亨德里克·古森担任船长的"涅尼雷"号渔船，偶然捕到一条从未见过的鱼，它的整个尾鳍形成非常奇特的矛状三叶形，所以定名为矛尾鱼。后来，这条鱼经博物馆的拉蒂迈女士鉴定为总鳍鱼，她立刻拍了一封电报给博物馆的一位客座鱼类学家史密斯教授，并在电报背后画了矛尾鱼的简笔画。

❖ 拉蒂迈女士手绘的矛尾鱼

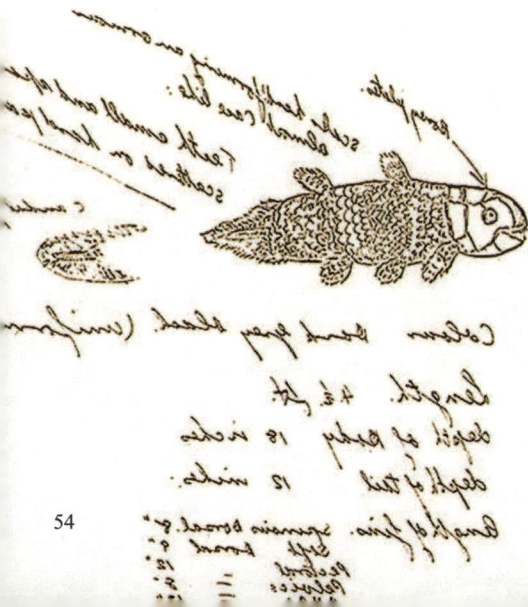

❖ 矛尾鱼

❖ 史密斯获得矛尾鱼标本

1938年，矛尾鱼被发现后，引起生物学界的研究热潮，因此矛尾鱼身价倍增，当时在南非罗兹大学任教的英国鱼类学家史密斯为研究矛尾鱼，曾登广告悬赏：谁能再送给他一条矛尾鱼，将得到100英镑的奖金。遗憾的是，史密斯足足等了14年，到1952年才得知在科摩罗群岛附近又捕获了一条，为了尽快获得这条矛尾鱼，史密斯求助当时的南非总理，并指派了军用飞机去迎接矛尾鱼。

矛尾鱼极其稀少，从1938年发现第一条矛尾鱼以来，迄今为止，只在靠近非洲的印度洋中捕捞到300多条，它们大部分被制成标本，收藏在世界各国的博物馆中。

总鳍鱼类活标本

科学家发现，在4亿年以前的地层中，总鳍鱼类是主要的鱼类化石之一，但到距今7000万年以后的地层中，总鳍鱼类的化石便越来越少，以至于找不到这种鱼的化石痕迹，因此，一般认为，总鳍鱼这种生物和恐龙一起灭绝了。

❖ 为了迎接矛尾鱼不惜动用军用飞机

❖ 矛尾鱼化石

英国鱼类学家史密斯鉴定矛尾鱼是 3.5 亿年前总鳍鱼类的唯一代表动物，为了纪念首先发现矛尾鱼的拉蒂迈女士，史密斯当时将它命名为"拉蒂迈鱼"。

据数据显示，东非沿海科摩罗群岛是世界上唯一每年都有捕获矛尾鱼记录的地区，分别是在努加斯加岛和昂儒昂岛，每年平均各有 6~8 条和 4~5 条矛尾鱼被捕获。

❖ 矛尾鱼标本（又名拉蒂迈鱼标本）

1982 年，科摩罗政府曾赠送给我国一件浸制的矛尾鱼标本，这件珍贵的标本现今保存在中国古动物馆一层脊椎动物陈列厅里，供游人参观。

矛尾鱼的身体构造和几千万年前的总鳍鱼类的化石十分接近，它堪称地球上最古老的居民，因此被称为总鳍鱼类的活标本。

科学家曾为之疯狂

总鳍鱼类具有像四肢一样的鳍，因此，很早以前，古生物学家就曾怀疑总鳍鱼类是陆生四足动物的祖先，但仅凭化石的证据，实在无法了解总鳍鱼类是如何行动、呼吸和进化的。

矛尾鱼的身体结构以及生态行为都接近总鳍鱼类，科学家认为，研究矛尾鱼可以分析出恐龙时代的生态环境以及当时生物的行为，并推断出水生动物演变成陆生动物的过程。因此，最初发现矛尾鱼时，科学家曾为之疯狂，因为矛尾鱼是研究鱼类进化史极其珍贵的标本。

南部非洲科摩罗群岛是最早发现矛尾鱼的地方，也是发现较多的地方，有科学

❖ 海底的矛尾鱼

家认为，当地海底地形适合矛尾鱼生存；也有人认为，是当地保护海底生物得当，才使矛尾鱼有完美的水下生存空间。但无论是哪一种情况，矛尾鱼的族群都非常小，不能过度捕捞，否则就真的只能在化石中见到它们了。

除了科摩罗群岛之外，印度洋其他地区也曾发现过矛尾鱼，如1938年在东伦敦外海所捕到的第一条矛尾鱼；1991年在莫桑比克海域曾捕到一条矛尾鱼；另外，1995年在马达加斯加也有捕获一条矛尾鱼的记录。

据调查估算，该种群不足千条。经过上百万年的分离，它和原来的总鳍鱼类已经有了基因上的根本不同。因此，这种鱼除了展览之外，没有任何价值，不能吃，渔民也觉得不太好抓，这也是矛尾鱼得以一直存活至今的原因之一。

❖ 与潜水者同游的矛尾鱼

小丑鱼

是 男 是 女 随 心 所 欲

　　小丑鱼因为脸上有一道或两道白色条纹，好似京剧中的丑角而得名。它虽然名叫"小丑鱼"，但是却一点儿也不丑，而且非常招人喜爱，它是一种有趣的生物，性别会随环境改变而改变。

❖ 小丑鱼

❖《海底总动员》剧照

　　动画片《海底总动员》中讲述了小丑鱼尼莫与单身爸爸马林共同生活在一株海葵之中，马林多次奋不顾身地营救尼莫，场面惊心动魄。随着电影的热映，小丑鱼尼莫的形象转瞬之间走红全世界。

是男是女要看伴侣需要

　　在真实的世界中，小丑鱼与《海底总动员》中描述的一样，同样极具领域意识，通常一对雌、雄性小丑鱼会占据一株海葵，阻止其他同类进入。

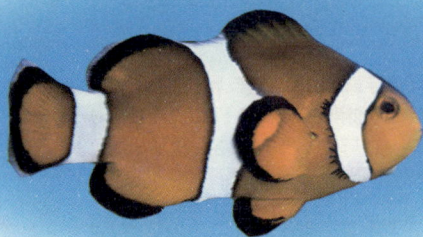

❖ 小丑鱼

小丑鱼是雌雄同体的。孵化后的小丑鱼是无性别的，简单地说，它们是从无性别状态转变到雄性再转变到雌性。这是一个不可逆的过程！小丑鱼也可能一生都是无性别状态。

小丑鱼内部有严格的等级制度，在小丑鱼的社会里，体格最强壮的雌鱼有绝对的威严，它和它的配偶雄鱼占主导地位，其他的家庭成员会被雌鱼驱赶，只能在海葵周边不重要的角落里活动。

如果当家的雌鱼不见了，那它的配偶雄鱼便会接管这个鱼群，然后会在几星期内转变为雌鱼，再花更长的时间来改变外部特征，如体形和颜色，最后完全转变为雌鱼，而其他的雄鱼中又会产生一尾最强壮的成为它的配偶。

小丑鱼并不能生活在每一种海葵中，只可在特定的对象中生活。小丑鱼在没有海葵的环境下依然可以生存，只不过缺少保护罢了。

小丑鱼又名海葵鱼

小丑鱼共有 28 个品种，常见的小丑鱼有公子小丑鱼、黑豹小丑鱼、透红小丑鱼、双带小丑鱼等。它们的体型娇小，

❖ 海葵和小丑鱼

❖ 海葵丛中的小丑鱼

小丑鱼将卵产在海葵的触手中，孵化后，幼鱼体色较成鱼浅，幼鱼在水层中生活一段时间后，才开始选择适合它们生长的海葵群，经过适应后，它们才能与海葵共同生活。

❖ 小丑鱼邮票——木版画

❖ 我国"潜龙三号"无人潜水器的外形就是小丑鱼的形象

身长一般为 3~8 厘米，最大的体长一般也只有 11 厘米左右。它们主要分布在太平洋、印度洋，如红海、日本南部、澳大利亚等比较温暖的海域，时常与珊瑚礁、岩礁及海葵、海胆等生物共生。

小丑鱼的身体表面拥有特殊的黏液，可以保护它们不被海葵蜇伤，并利用海葵的触手丛安心地筑巢、产卵，免受大鱼的攻击。海葵吃剩的食物还是小丑鱼的食物。另外，它们还会利用海葵触手除去身体上的寄生虫或霉菌等。对海葵而言，小丑鱼能吸引其他的鱼类靠近，增加捕食的机会；小丑鱼也可帮助海葵除去身上的坏死组织以及寄生虫；小丑鱼的游动还可减少残屑沉淀至海葵丛中。

小丑鱼的外形并不丑陋，应该说非常可爱，所以现在越来越多的小丑鱼被饲养在鱼缸内，其外表的颜色也会随着鱼缸的环境不同而有不同的变化。

石斑鱼

石斑鱼在我国被称为黑猫鱼，身体色彩艳丽，变异甚多，并具有明显的条纹和斑点，它们的肉质细嫩，每年有大量的石斑鱼被捕捞，成为人类餐桌上的美味，然而奇怪的是，如此大量的捕捞却很少有发现雄性石斑鱼。

石斑鱼的身体呈长椭圆形，侧扁，口大，牙细尖，有的扩大成犬牙。它们的背鳍和臀鳍棘发达，尾鳍为圆形或凹形，体色变异甚多，常呈褐色或红色，并具条纹和斑点，为暖水性的大中型海产鱼类。

❖ 鲑点石斑鱼

鲑点石斑鱼的身体及奇鳍布满红褐色斑点；背鳍鳍棘部末、鳍条中部基底及尾柄上各有一鞍状黑斑；各鳍均有白边。广泛分布于印度洋和太平洋的热带、亚热带海域，是驰名世界的海鲜珍品之一。

❖ 石斑鱼

中国四大名鱼之一

石斑鱼有 163 种之多，仅分布于我国福建沿海的石斑鱼就有 12 种，其中经济价值较高且较为常见的种类有赤点

❖ 赤点石斑鱼

赤点石斑鱼的身体为棕褐色，体侧、头部、背鳍、尾鳍和臀鳍散布赤黄色斑点，背鳍基底中部具一黑斑，腹鳍和胸鳍无斑点。为暖温性中下层鱼类，多生活在近海水深55米以内岩礁底质的底层海域。赤点石斑鱼性凶猛，以肉食为主，喜食鱼、虾、蟹类，不喜欢结群，饥饿时有自相残杀现象。

龙胆石斑鱼是所有石斑鱼中体型最大的，成年的个体可长到2.7米，重达340千克，被称为"石斑鱼之王"。

龙胆石斑鱼也叫花尾龙趸，主要产地在东南亚、澳大利亚海域，在我国的南海（南沙群岛）也曾发现，但数量稀少。

❖ 龙胆石斑鱼

石斑鱼、鲑点石斑鱼、云纹石斑鱼和网纹石斑鱼等。

石斑鱼喜欢栖息在沿岸岛屿附近的岩礁、砂砾以及珊瑚礁底质的海区，一般不成群。它们栖息的水层会随水温变化而升降。石斑鱼是肉食性凶猛鱼类，以突袭方式捕食底栖甲壳类、各种小型鱼类和头足类。

石斑鱼营养丰富，肉质细嫩洁白，类似鸡肉，有"海鸡肉"之称，被我国港澳地区推为"中国四大名鱼"之一。

雌多雄少的原因

石斑鱼与其他鱼类不同，它们具有两套生殖器系统，也就是传说中的雌雄同体。虽然雌雄同体，有利于石斑鱼的种族繁衍，但在它们发育期间呈现先雌后雄的性转变，需要一段很长的时间。

有研究数据表明，鲈滑石斑鱼需要长到 7 岁才开始性转变；地中海灰石斑鱼性转变需要 14 年之久；玛拉巴石斑鱼在 10 千克以下几乎没有雄鱼；龙胆石斑鱼在 24 千克以下很难找到雄鱼。另有研究报告称，2009 年，全球有超过 27.5 万吨石斑鱼被人吃掉，以平均每条石斑鱼重 3 千克推算，数量相当于 9000 多万条。事实上，其数量可能更多，因为大部分被出售的石斑鱼的重量只有 1 千克。1 千克重的石斑鱼还处于幼鱼阶段，也就是说，还处于雌性阶段，还没能长大就被人类吃掉了。

因此，人类在捕捞中很少发现有雄性石斑鱼的踪迹，许多幼鱼没来得及成长即被人捕获，成功繁殖的机会锐减，野生石斑鱼的数量也大幅度下降。人工养殖的石斑鱼靠人工促进性转变，其产量才勉强满足市场的需要。

❖ 云纹石斑鱼

云纹石斑鱼又名电纹石斑鱼，体呈浅褐色，体侧具 6 条暗棕色横带，横带于腹部分叉，横带内具淡色斑；体侧另具黑色小点；头部于眼下方具 3 条暗色细纹。

❖ 网纹石斑鱼

网纹石斑鱼又称蜂巢石斑鱼，体侧有蜂巢状的纹理。

石斑鱼中比较好吃的品种有东星斑，它有鲜、嫩、美三大特点。

玛拉巴石斑鱼的体色为浅褐色，有 5 条微斜的暗色褐带，有时不显著，腹侧之带有分叉的情形。头部、体侧、胸部、下颌腹面、口缘均具黑褐色斑点；头部及体侧另具白色斑点和斑块。最大体长可达 234 厘米。

❖ 玛拉巴石斑鱼

阿德利企鹅

阿德利企鹅是一种广泛存在于南极的"原住民"，其名称来自南极大陆的阿德利地，其形象是我们熟知的 QQ 的 LOGO 原型。

阿德利企鹅的外表是经典的"黑白配"，皮肤上绝对没有杂色，是人们心目中"标准企鹅"的形象。它们的栖息地遍布整个南极大陆及邻近岛屿，罗斯海域的阿德利地是它们最大的栖息地，约有 50 万只阿德利企鹅生活在这里。

企鹅家族中的小个子

阿德利企鹅属于企鹅家族中的小个子，体长 72~76 厘米，和许多其他种类的企鹅一样，雌、雄性阿德利企鹅同形、同色，从外形上难以辨认。

❖ 阿德利企鹅

❖ 早期 QQ 的 LOGO

早期腾讯 QQ 的 LOGO 几乎和阿德利企鹅一模一样。

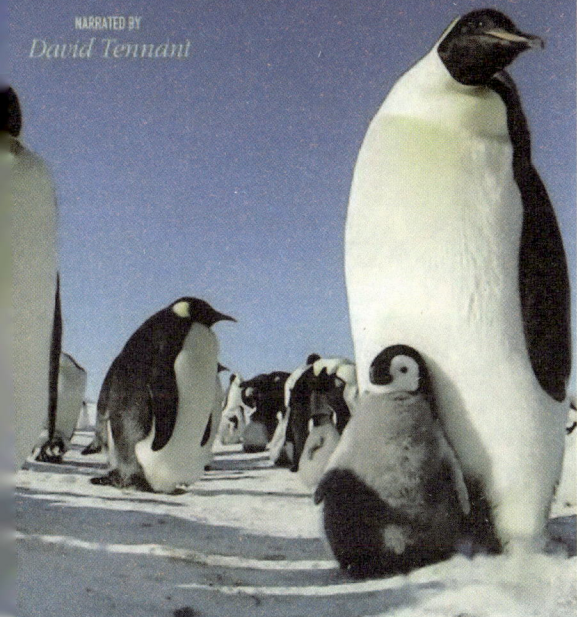

PENGUINS
Spy in the huddle

NARRATED BY
David Tennant

❖ 纪录片《卧底企鹅帮》

在 BBC 纪录片《卧底企鹅帮》中，曾描述过一只体型娇小的阿德利企鹅，冲到一群高大的小帝企鹅面前，帮它们驱赶走虎视眈眈的巨鹱。

环海豹是阿德利企鹅的天敌之一，为了不被环海豹抓住，阿德利企鹅遇到环海豹时会避让，如果躲不及，就会集体跳入海中，然后迅速移动到另外一处陆地，环海豹一般抓住一两只阿德利企鹅，其他阿德利企鹅就能安全无恙地转移。

❖ 环海豹

❖ 看上去有些呆萌的阿德利企鹅

　　阿德利企鹅和其他企鹅一样不会飞，在陆地上行走时，脚掌着地，身体直立，依靠尾巴和翅膀维持平衡，行动笨拙，但是它们却是游泳健将，能潜入水底 175 米处觅食，游速可达每小时 15 千米，在遇到危险时，能迅速跳上高达 2 米的海岸。

石头就是财富

　　阿德利企鹅喜欢在海岸附近筑巢，它们习惯群居生活，一般一个群体少则几只，多则上百只。在繁殖季会形成 1 只雄企鹅和 1 只雌企鹅的配偶关系，并形成大群，最大可达 10 万只，集体在陆地上繁殖。

　　阿德利企鹅虽是众多企鹅中分布最靠南的一种，但它们绝对不会在冰面上孵蛋。在交配前，雄性阿德利企鹅会在冰天雪地里拱出一块凹地，再找来大小不一的石头铺在洼地，做成一个巢穴。

　　在阿德利企鹅心中，石头就是财富，有了石头就能有美丽的巢穴，有美丽的巢穴就能吸引伴侣，因此，石头受到它们特别的重视。

为了石头不惜干起了偷盗行径

在冰天雪地里，想要找到足够多的石头铺设巢穴并不容易，阿德利企鹅为了石头更是费尽心机。

在繁殖季到来之前，如果没能收集到足够多的石头筑巢，就无法找到心仪的配偶，因此为了筑巢，阿德利企鹅会不择手段，它们会趁邻居外出找小石子时，悄悄地以迅雷不及掩耳之势，奔到其他企鹅的地盘叼走一块，为了避免邻居起疑心，它们还会假装四处望风景，一脸无辜。

古怪的习性

阿德利企鹅不仅喜欢收集石头，它们还有其他一些古怪的习性。当一群阿德利企鹅聚集在海边的岩石上时，最靠近海边的那只阿德利企鹅，往往一不注意就会被后面的阿德利企鹅踢入海中，站在岸上的阿德利企鹅随后会探头观望，如果确认安全，后面的阿德利企鹅才会一只接一只地跳下水。如果不安全，站在前面的阿德利企鹅同样有被踢入海中的危险，因为阿德利企鹅会趁环海豹捕捉前面入水的同伴的间隙，蜂拥入水，迅速移动到另外一块陆地上。阿德利企鹅有时还会将幼帝企鹅护送到海边，然后纷纷啄咬它们，将它们赶下水，这是因为阿德利企鹅上岸繁殖的时候，正是幼帝企鹅离开繁殖区前往大海的时候，不把它们赶走，阿德利企鹅的繁殖区就会被侵占。

❖ 铺满石头的巢穴

❖ 叼着石头的阿德利企鹅

偕老同穴

象征忠贞爱情的海洋生物

在茫茫大海中生活着一种奇特的海绵，它本身很平常，也没有什么特别之处，不过却因为共栖在它腔体内的一对俪虾演绎的"生同衾，死同穴"的爱情故事而被人们视为吉祥之物，象征着忠贞、永恒的爱情。

海绵动物是多细胞动物中最原始、最简单的一个类群，在古生代的寒武纪前就已经出现，它们虽然经历了几亿年的进化，组织器官却仍然没有分化，没有口和消化腔。它们绝大多数生活在海洋里，过着底栖固着生活，一般呈高脚杯状、瓶状或圆柱状，体壁表面有许多进水孔。

偕老同穴骨架的成分是二氧化硅，而二氧化硅是制作玻璃的原料，它因此得名"玻璃海绵"。

偕老同穴一般指堂皇偕老同穴，它是一种生活在深海中的海绵动物，体长为3~80厘米，身体呈圆筒状，主要生活在我国东海、日本、西太平洋其他地区及印度洋海域。

小动物的安身之所

偕老同穴多栖息在360~1000米深的海底，它们的身体由二氧化硅构成的玻璃丝样的骨针纵、环交叉编织而成，自上而下逐渐趋窄，呈灯笼形的桶状。其体表四周布满小孔，内部有广阔的空腔，体色变化与环境有关，活着的时候多呈淡石竹色。

❖ 偕老同穴

偕老同穴是各种小动物的安身之所，包括小虾、小蟹、蠕虫、海星、海蛇尾等，连乌贼都喜欢把卵产在一种石质海绵的孔里。

偕老同穴即便是死，也常常会保持得完好无损，看上去晶莹透亮、闪闪发光，不仅看起来美观，而且还十分坚固，常被人们制作成饰物。

名字的来历

"偕老同穴"这个名字与一种白色的俪虾有关。

俪虾很小的时候，就会一雌一雄相伴，从偕老同穴的水孔里，游进海绵体

❖ 偕老同穴中的一对俪虾

俪虾夫妇在偕老同穴中繁殖后代，而幼虾个头不大，可以钻出"牢笼"，去追寻属于自己的自由和真爱。然而，等它们找到伴侣后，也会像父母辈一样陷入爱情的"牢笼"。

❖ 俪虾

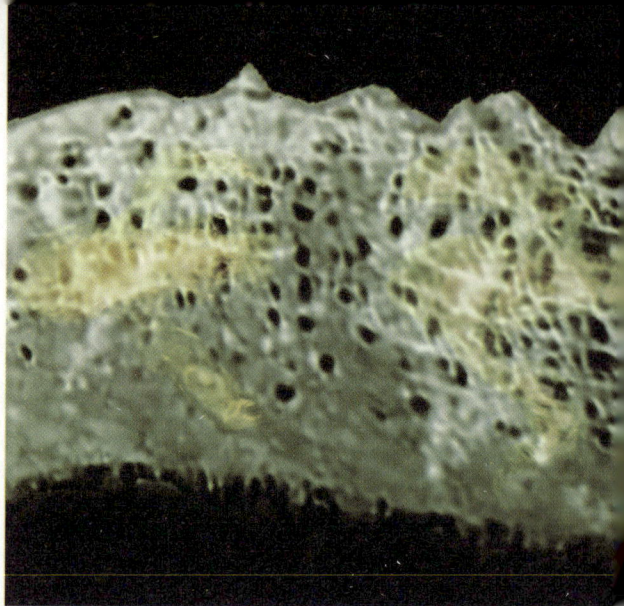

❖ 偕老同穴中的一对俪虾

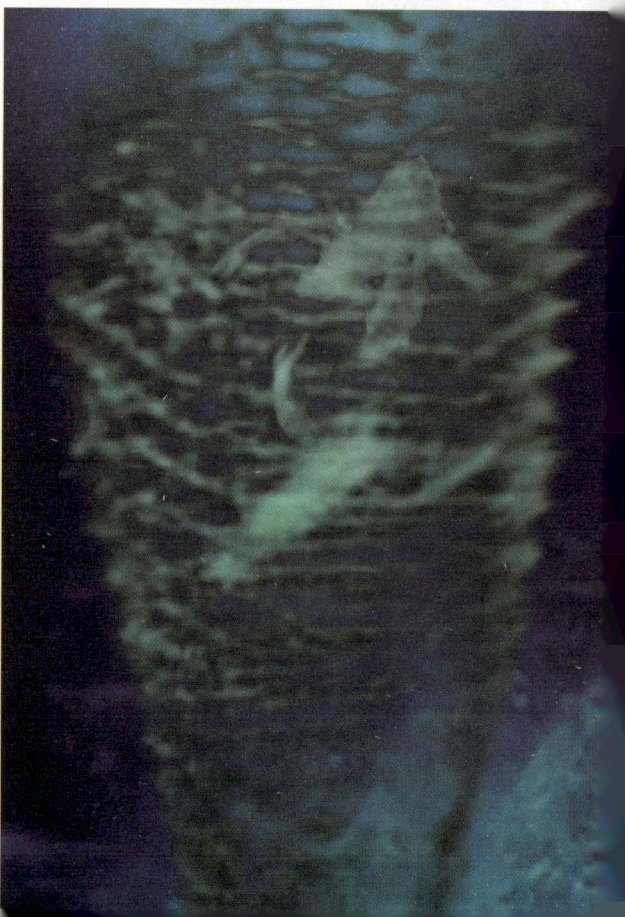

中空的中央腔内，并以此为家。俪虾靠海绵体躲避猎食者，也可摄取流进海绵体内的海水中的营养物为食物。等俪虾的身体长大后，它们便再也无法从海绵体的中央腔内钻出去了，成为活在海绵体内的一对伉俪，"生同衾，死同穴"，因此，这对虾得到了"俪虾"的美名，而这种海绵则得名"偕老同穴"。

被视为吉祥之物

大多数海底小动物会自由出入偕老同穴的海绵体，它们仅仅把这里当成生活、避难的场所，而不像俪虾与偕老同穴的海绵体形成"共栖"关系，它们成双成对地进入偕老同穴的海绵体后便不再离开，与偕老同穴"合为一体"，永不分离。基于这个动人的故事结局，海边的渔民常将偕老同穴视为吉祥之物。在日本，偕老同穴象征着永恒的爱情，民间常将偕老同穴作为礼物送给新人；在欧美传说中，偕老同穴则被视为爱与美的女神的花篮——"维纳斯花篮"。

❖ 圣玛莉艾克斯 30 号大楼

圣玛莉艾克斯 30 号大楼这座未来主义风格的大楼高 180 米，是伦敦市区第二高的建筑物，它于 2004 年投入使用，一直被当地人称为"小黄瓜"，但著名建筑师诺曼·福斯特设计它时并未受到黄瓜的启发，而是模仿了"维纳斯的花篮"，将菱形的玻璃按照晶格框架结构排列而成。

偕老同穴的干制标本也常被作为定情信物送给心爱的人，饱含了与心爱之人"白头偕老、永结同心"的美好愿望。

❖ 偕老同穴工艺品

鮟鱇

看过《海底总动员》的都知道，鮟鱇相貌丑陋，嘴中的獠牙又尖又长，头顶发出诱惑猎物的光，是一个恐怖的海底杀手。而现实中的鮟鱇，因为软饭硬吃的寄生习性，比电影中描述的更骇人听闻。

鮟鱇俗称结巴鱼、蛤蟆鱼、海蛤蟆、琵琶鱼等，与鳕鱼一样长得非常丑，鮟鱇有很多种类，广泛分布于世界各个海域，我国渤海、南海海域均有。

行动缓慢

鮟鱇属硬骨鱼类，一般体长 40~60 厘米，大的可达 1~1.5 米，体重 300~800 克，体表无鳞，皮肤为粉红色，有一张裂到耳后的大嘴，露着锋利的牙齿。

鮟鱇不仅是钓鱼高手，它还有捕食"天鹅"的本领。据海边的渔民介绍，有一种水鸟喜欢在退潮时在海边吃海藻，而鮟鱇则会在退潮时漂浮于海边，或者趴在滩涂上，常会被水鸟误认为是长满海藻的礁石，而上去啄食，结果被鮟鱇一口吞下，这或许是"蛤蟆鱼"这个名字的来历吧。

鮟鱇的尾部肌肉可作为鲜食或加工制作成鱼松等，其鱼肚、鱼子均是高营养食品，皮可制胶，肝可提取鱼肝油，鱼骨是加工明骨鱼粉的原料。

❖《海底总动员》中的鮟鱇

❖ 鮟鱇

鮟鱇的种类很多，在我国有 3
种，一种叫黄鮟鱇，另一种
叫黑鮟鱇，黄鮟鱇分布于黄
渤海及东海北部，黑鮟鱇多
见于东海和南海。还有一种
新发现的叫隐棘拟鮟鱇。

鮟鱇的胃大而有弹性，某些
种类的鮟鱇能吃下比自己大
的鱼类。

鮟鱇喜欢静伏于海底或缓慢活动，它们身体的前半部形
似圆盘，像一个扁平的"UFO"，贴在海底充满泥土和细砂
的表层地面上，圆盘的末端左右各有一条臂鳍，尾部呈柱状，
末端生尾鳍。鮟鱇与蝰鱼一样不太会游泳，在水里主要靠两
条臂鳍撑地爬行，通过摆动尾鳍来调节前进方向。鮟鱇有时
也会借助胸鳍在滩涂上缓慢滑行，不过每移动一步就会"哼
哼"，发出酷似老头咳嗽的声音，因此，也有人称其为"老
头鱼"。

自带发光鱼竿的猎手

鮟鱇与蝰鱼一样，喜欢栖息在没有光线的海底，因为捕
食机会少，在长期的演化过程中，它的部分背鳍也和蝰鱼一
样逐渐延伸至头部，像一根钓竿，不过，鮟鱇更胜一筹，它
的钓竿的顶端还有一个能发光的"小灯笼"，因此，它也被
称为"灯笼鱼"。

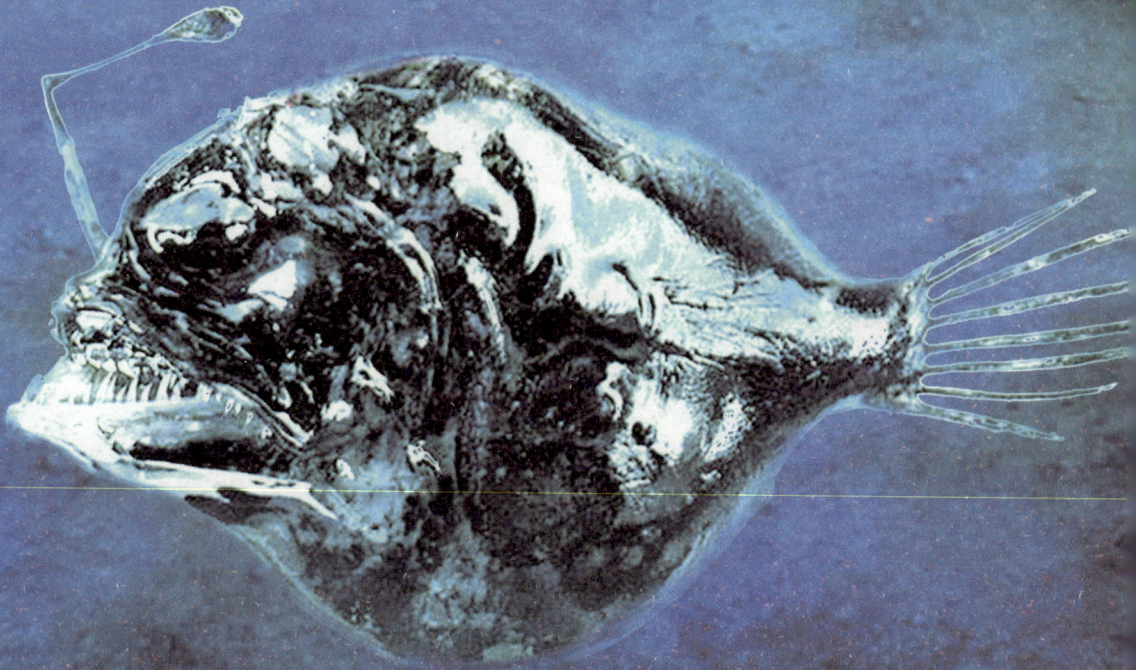

鮟鱇在捕食时，只需轻轻摇晃"小灯笼"，引诱猎物，待猎物（小鱼、小虾等）接近后，鮟鱇便会突然跃起，张开巨大的嘴将猎物吞下。

❖ "长头梦想家"

这条被称为"长头梦想家"的鮟鱇是最近才在格陵兰岛附近海域发现的奇怪物种，它看起来好像是来自科幻电影中的外星动物，长相相当恐怖。事实上，这种鱼并不像它看起来的那样恐怖，它其实只有17厘米长。

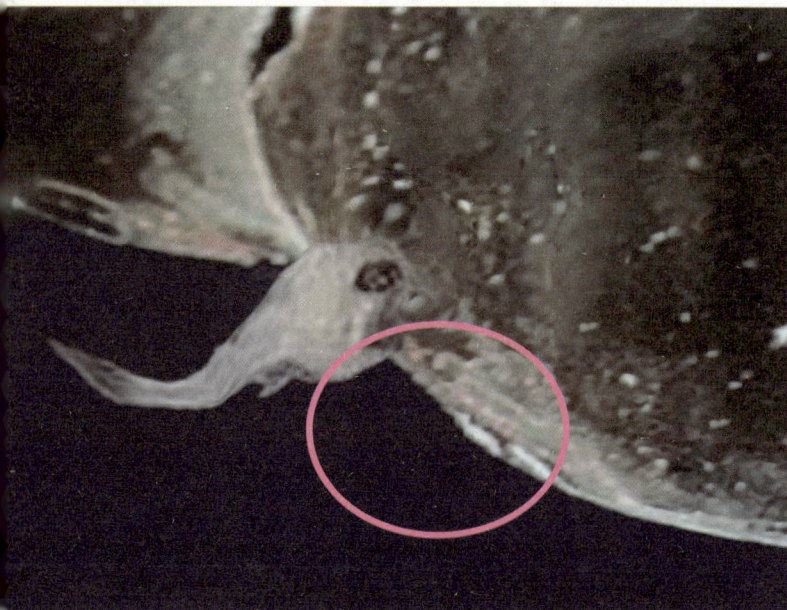

❖ 慢慢融入雌体的雄性鮟鱇

多年来，科学家一直无法理解为何只发现雌性鮟鱇。更为怪异的是，所有雌性鮟鱇的两侧都有怪异的肿块。经过研究，研究人员发现这些肿块是寄生雄性鮟鱇的遗体。

保命绝技

鮟鱇的"小灯笼"不仅可以吸引猎物，还可能吸引来敌人。它们在遇到一些凶猛的猎杀者时，就会迅速把"小灯笼"含入口中，然后趁着黑暗悄悄转移。

除此之外，鮟鱇虽不如鳖鱼那样善于伪装和变色，但是其常年潜伏在海底，身体的颜色也几乎接近环境色，尤其是它们的身上有与体表颜色相近的斑点、条纹和凹凹凸凸的颗粒状物体，看上去更像是一块小岩石，能很好地帮助它们躲避猎杀。

"软饭硬吃"的雄性鮟鱇

地球上的生物中雄性比雌性体型小的并不多，而鮟鱇就是其中的一种，雄性鮟鱇很小，体型不及雌性鮟鱇的 1/50。

成年的雄性鮟鱇会逐渐失去消化系统，因此，它们必须在失去消化系统前找到雌性鮟鱇。然而，鮟鱇不喜欢群居，雄性鮟鱇很难在海底遇到雌性鮟鱇，但是只要发现雌性鮟鱇，雄性鮟鱇便会扑上去，一口咬住，然后释放出一种酶，使自己慢慢融入雌性鮟鱇的皮肤里，终身靠雌性鮟鱇供给营养，相附至死。

❖ 发光的鮟鱇

雄性鮟鱇的这种寄生方式堪称"软饭硬吃"，不过它们"吃软饭"的代价并不小，因为最终雄性鮟鱇会化作雌性鮟鱇身体上的一个小疙瘩（是雄性鮟鱇的一对睾丸），成为雌性鮟鱇在排卵时自动受精的一个器官。

鮟鱇这种绝无仅有的配偶关系，可谓生物界的奇迹。

紧俏的美味

别看鮟鱇的样子丑陋，它们的味道可是绝对的鲜美，鮟鱇的肉富含维生素 A、维生素 C，以及钙、磷、铁等多种微量元素，营养价值较高。

早年，我国渔民将鮟鱇视为"无甚经济价值""低贱的下脚鱼"，从来不会主动去捕捞，即便是被顺带捕上来，也会把它们扔到海里或用来做肥料等。如今，鮟鱇摇身一变，身价倍增，竟成了出口日本、法国、西班牙等国的海鲜品中的紧俏货。

鮟鱇在欧洲被视为重要的食材；在日本关东，鮟鱇更被视为人间极品，仅次于拼死要吃的河豚，有所谓"西有河豚、东有鮟鱇"之称。

日本人喜爱吃鮟鱇锅，除了火锅外，日本人还会以鮟鱇鱼肝作为寿司，而鮟鱇鱼肝更有"海底鹅肝"之称，据称有清热解毒的美肤功效，一般食法为蒸或者是刺身。

❖ 头上的"小灯笼"

生物学上把鮟鱇的小灯笼称为拟饵，深海中很多鱼都有趋光性，"小灯笼"就是鮟鱇引诱食物的有力武器。

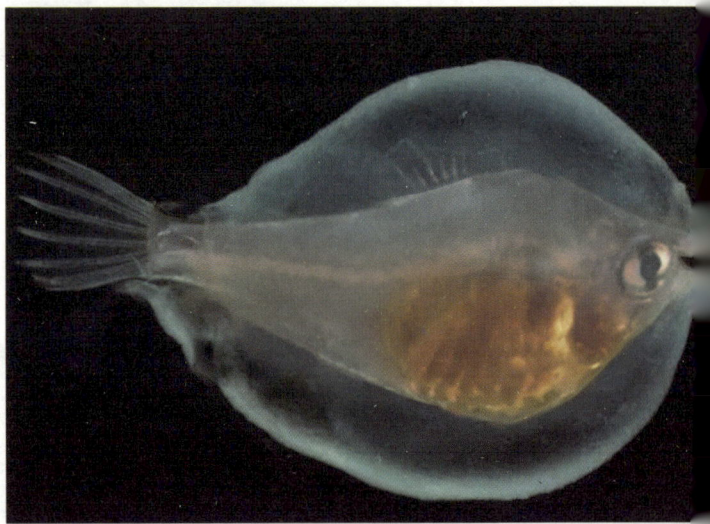

❖ 幼小的雄性鮟鱇

幼小的雄性鮟鱇被一层透明的如气泡一样的膜保护着，漂浮在海面上，长大后，它们才会趴在海底，丑成一坨。

如今，在我国东南沿海的福建等地，鮟鱇也被作为鲜美的食用鱼类。

鮟鱇的肉质紧密，如同龙虾般，结实不松散，纤维弹性十足，鲜美更胜一般鱼肉，胶原蛋白十分丰富，故西方人称之为"穷人的龙虾"。

比目鱼

被 深 深 误 解 的 " 爱 情 鱼 "

比目鱼在我国古代便是文人骚客笔下常见的"爱情鱼",《尔雅》中把比目鱼、比翼鸟、比肩兽和比肩民并列为中国四方的最庞大奇异之物,其中只有比目鱼是现实中存在的物种,象征着爱情,实际上它却并非比肩而行的物种。

❖ 比翼鸟

❖ 比目鱼的眼睛

比目鱼的种类很多,全世界有 700 余种,我国产 120 种,主要类别有鲆、鲽、鳎、舌鳎等,是一种经济鱼类。它们广泛分布于各大洋,栖息在浅海的沙质海底,捕食小鱼虾。

被深深误解的"爱情鱼"

比目鱼是两只眼睛长在同一侧的一种鱼,有的双眼长在左侧,也有的双眼长在右侧,我国古人认为这种鱼需要一雌一雄亲密地紧贴在一起,比肩而行。双人并肩谓之"比",故古人给它取了一个很文艺的名字——比目鱼,并留下了许多描写爱情的诗句,如"凤凰双栖鱼比目""得成比目何辞死,愿作鸳鸯不羡仙"等,流传至今仍家喻户晓、脍炙人口。此外,清代还流传着一部名为《比目鱼》的戏曲,描写才子佳人的爱情。

事实上,比目鱼无须比肩而行,它只是一种一侧有两只眼、另一侧无眼的怪鱼而已。比目鱼被古人认为是"爱情鱼",实则是一个美丽的错误。

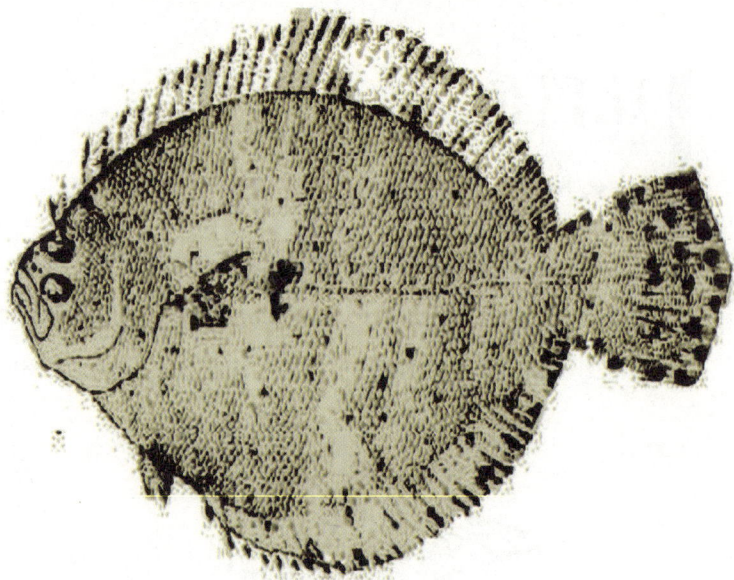

❖ 华鲆

有少数种类的比目鱼会进入淡水生活，在我国，如华鲆、江鲽、窄体舌鳎、褐斑三线舌鳎等可进入江河淡水区生活。

两只眼睛长在同一侧的奇鱼

❖ 大西洋大比目鱼

比目鱼的体侧扁，呈长椭圆形、卵圆形或长舌形，体型大小各异，小型品种仅约 10 厘米长，而最大的大西洋大比目鱼可长到 2 米以上，最大体长可达 5 米，重 325 千克。

比目鱼在幼鱼阶段，两只眼睛也是对称地长在头部左、右两侧，经过 20 天的发育后，一侧的眼睛就会慢慢越过头顶向另一只眼睛靠拢，成鱼后两眼会同处于身体朝上的一侧（左侧或右侧），这一侧身体的颜色也会变得与周围的环境色相近，身体朝下的一侧则为白色。

比目鱼的身体表面有极细密的鳞片，按长相大致可以分为鲽、鲆、鳎、舌鳎等品种。

眼在右为鲽

比目鱼最早的记载出现在《尔雅》里，而且还是和比翼鸟一起记载的。《尔雅·释地》："东方有比目鱼焉。不比不行，其名谓之鲽。南方有比翼鸟焉。不比不飞，其名谓之鹣鹣。"

❖ 格陵兰大比目鱼（眼在右侧）

格陵兰大比目鱼也称为水中猎人，虾、鳕鱼、红鱼都是它的猎物，格陵兰大比目鱼属于底层鱼类，在200~1600米，甚至2200米深的海中都能找到它的踪迹。

❖ 石鲽（眼在右侧）

❖ 多宝鱼（眼在左侧）

《尔雅·释地》说的鲽即比目鱼的一大类，鲽的种类繁多，两眼均在鱼体右侧，眼大而突出，上眼约位于头部背缘的正中线上，两侧口裂稍不等长，两颌均有尖细牙齿，前鳃盖边缘游离，侧线在胸鳍上方，无弓状弯曲部。

鲽的代表品种有高眼鲽、石鲽、木叶鲽、油鲽、格陵兰大比目鱼和加拿大黄尾鲽等，均为重要的经济鱼类。

眼在左为鲆

眼睛长在左侧的比目鱼是鲆，鲆与鲽一样种类繁多，有眼的一侧皮肤呈暗灰色或有斑纹，口前位，下颌有突出。它与鲽一样均为夜间捕食，但习性比鲽更凶暴贪食，有"海中强盗"之称。它们口中具有尖锐的牙齿，常栖息于浅海的沙质海底或江河底部，虎视眈眈地蹲守猎物，当猎物接近时，会突然跃出捕食。鲆的代表品种有牙鲆、大菱鲆（俗称多宝鱼），都是名贵海产品。

鳎、舌鳎

眼位于头右侧为鳎，眼位于头左侧为舌鳎，鳎和舌鳎的身体呈鞋底状或舌状，

❖ 牙鲆（眼在左侧）

前鳃盖后缘不游离，口小且不对称，上颌和下颌不发达，有些鱼种的吻端下垂。它们的背鳍起始于眼睛的上方，背鳍、臀鳍及尾鳍有些会相连，有些则分离。胸鳍小或无胸鳍，腹鳍也很小，有些鱼并无腹鳍，有时会与臀鳍相连。

鳎和舌鳎同样也有很多品种，鳎的代表品种有角鳎、东方宽箬鳎等，舌鳎的代表品种有我们常说的龙利鱼等。

比目鱼虽然种类繁多，但只需记住"左鲆右鲽、左舌右鳎"这八字口诀，基本上就能认清它们的面貌。大部分比目鱼的肉质细嫩，是海鲜菜肴中的常客，无论是香煎，还是清蒸都堪称美味。然而，美味的比目鱼的庞杂的家族中却有几个品种有剧毒，如石纹豹鳎和眼斑豹鳎，大家在食用的时候一定要小心。

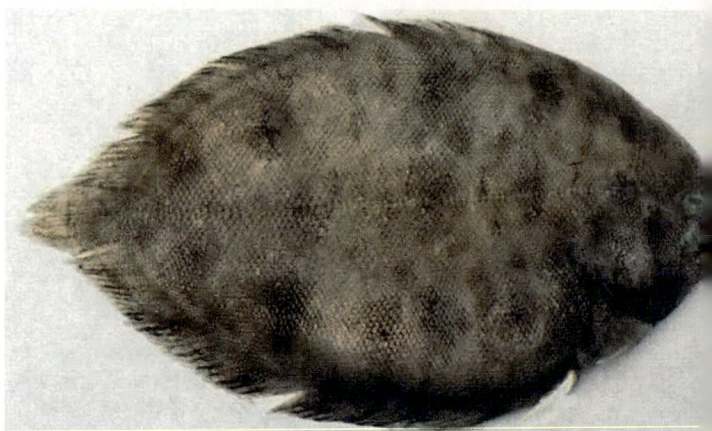

❖ **东方宽箬鳎**

东方宽箬鳎的眼在右，分布于印度−西太平洋区，如红海、波斯湾至东印度群岛，澳大利亚北部半咸水域、海域。

❖ **龙利鱼**

舌鳎的眼在左，是比目鱼中体形较为修长的鱼类，也包含很多品种，其中最具代表性的就是龙利鱼。

龙利鱼的自然资源量少，味鲜美，出肉率高，口感爽滑，鱼肉久煮而不老，无腥味和异味，属于高蛋白，营养丰富，历来都是我国沿海广大消费者待客的上等佳品。

比目鱼富含蛋白质、维生素 A、维生素 D、钙、磷、钾等营养成分，尤其维生素 B_6 的含量颇丰，而脂肪含量较少。另外，比目鱼还富含大脑的主要组成成分 DHA。

大千世界，无奇不有，世界上还有一种比比目鱼更适合"爱情鱼"这个名字的鱼，它是广西的一种淡水鱼——半边鱼。半边鱼的身体一边有鳞，一边无鳞且扁平光滑，几乎都是雄鱼和雌鱼成对厮守在一起。每当遇到水流湍急等恶劣环境时，雌鱼和雄鱼就会将彼此无鳞的一边紧贴在一起，同心协力地对付激流，因此当地有民谣"爱情要像半边鱼"，来歌颂半边鱼的比肩爱情。可惜半边鱼因肉质鲜美，常遭偷捕，濒临灭绝。

火体虫

由 成 千 个 单 独 个 体 组 成

火体虫是由成千个单独个体组成的巨型半透明的浮游动物，形状类似长长的铃铛，在黑暗的海底闪闪发着光，缓缓移动。

现如今，科学家害怕水中的火体虫数量太多，因为当火体虫死掉的时候，分解的尸体会从海水中吸走大量的氧气，这样会对其他海洋生物造成威胁。但该如何抑制它们的繁衍，目前还不得而知。

火体虫还被称为磷海鞘，属于浮游动物，这意味着它们可以自由游动，火体虫一般发现于开放海洋，也可以生活在海洋深处。

2013 年 8 月，澳大利亚的潜水者在塔斯马尼亚近海拍摄到火体虫的罕见照片。这种深海动物极其罕见，以至于被称为"海洋独角兽"。它最长可达到 30 米，相当于两辆双层公共汽车首尾相连。

❖ 火体虫

火体虫呈半透明状，大小从几厘米至几十米都有。火体虫是一种球形的聚合体生物，小型的火体虫就像一个装填了许多泡泡的瓶子，大型的火体虫则像一条装满泡泡的巨大管道，那些泡状物就是聚合体的"居民"。

一起发光

火体虫这种聚合体式的群居生活方式，可以提高生存机会，这是生物进化过程中的选择之一。

组成火体虫的每个微小个体都像是"火体虫"公寓里的一名住户，每个微小个体都像水泵一样不断地供给"火体虫"水分和养分，使这个聚合体能够生存，还能一起发出银白色的"生物光"，更让人惊奇

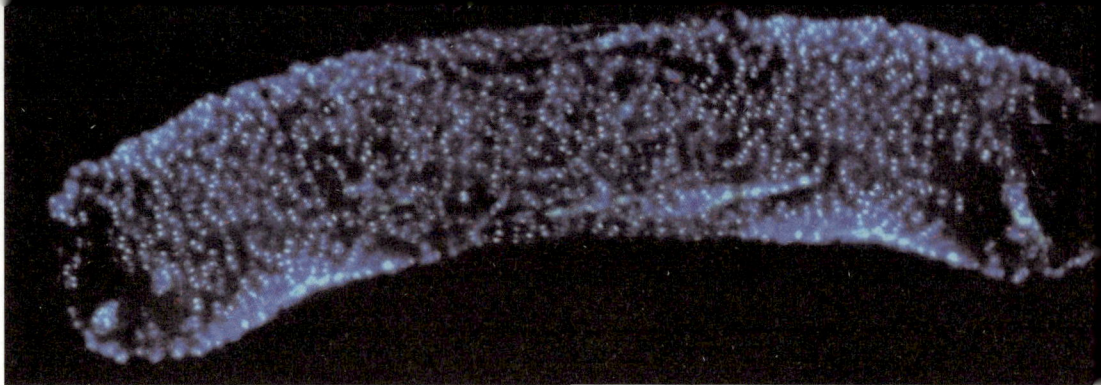

❖ 发光的火体虫

的是，它们还能对其他不同光源做出回应，释放出蓝绿色的明亮光芒。

一起移动

火体虫是滤食性动物，虫体中间是空的，一端是开口，另一端是闭合的，它们会吸收包含浮游生物以及小鱼的海水，在吞食浮游生物和小鱼后，再通过开口排出过滤后的海水。

火体虫需要持续吞噬微生物才能存活，它们必须缓慢且稳定地移动才能获得新鲜、富含微生物的海水，因此，火体虫不仅会随着海洋气流漂移，还会利用海中的温暖水层，借助喷射动力前进（类似章鱼、水母的移动方式），火体虫在移动时，它们体内的每个成员都会很默契地不断吸水再吐出，借此推动火体虫移动，尽管大家在这个过程中一起努力，速度仍旧缓慢。

火体虫的种种行为，至今在科学界都没有一个统一的答案，是谁在如此庞大的聚合体中传达指令，使它们体内的每个成员都能统一行动、一起发光呢？好像有某种神秘的力量在操控它们一样，这让科学家们百思不得其解。

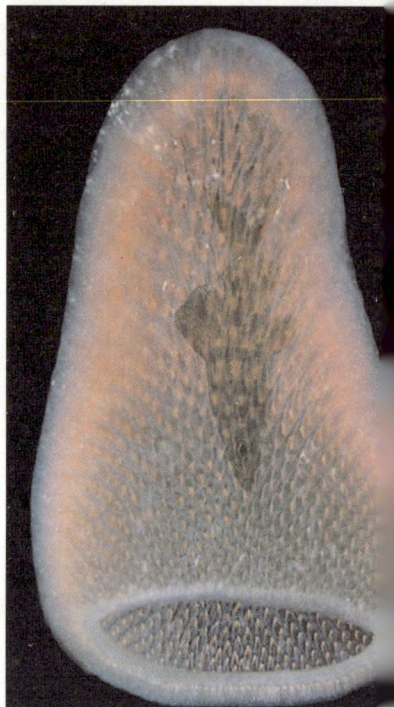

❖ 在火体虫腔体内休息的鱼

❖ 与火体虫同游

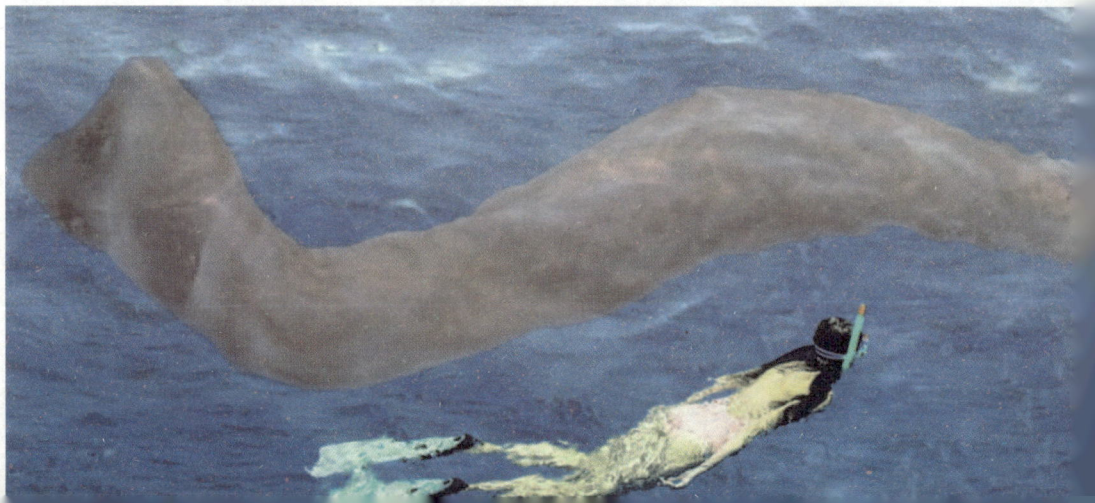

大王乌贼

　　12 世纪末，挪威人在海上航行时偶尔会遭到海怪的袭击，海怪们会用长长的触手掀翻船只，这便是最早的关于大王乌贼的记录。一位世界著名的大王乌贼研究者曾风趣地说："我们对恐龙的了解，要比对大王乌贼的了解多得多。"这种言论毫不令人奇怪，因为自这种生物正式被科学家们确认以来，几百年过去了，人们对它们的了解依然少得可怜。

❖ 大王乌贼——16 世纪法国雕刻

❖ 大王乌贼

　　大王乌贼又称巨型乌贼、首席乌贼、霸王乌贼，是世界上存活的第二大的无脊椎动物（最大的无脊椎动物是大王酸浆鱿）。

传说中的海怪

　　北欧神话传说中的海怪克拉肯以鲸为食，它会用巨大的触手攻击过往的船只，或者围着大型船只转圈，以待出现足够大的漩涡将其拖入海底。关于海怪克拉肯最早的记录发生在 1180 年，海底深处藏着吃人海怪的故事就此展开。随着时间的推移，海怪克拉肯的传说渐渐被夸大了，越传越玄乎。如果这些古老的传说是真实的，那么，最接近克拉肯原型的生物就是大王乌贼。

极为凶猛

　　大王乌贼在亿万年前就已经出现在地球上了，它并不是乌贼，而是一种鱿鱼。

　　科学家根据大王乌贼喙的大小与它们身体的大小关系来推测，一般成年大王乌贼可长到 6~18 米，重 50~300 千克，最大的可以长到 20 米长，体重达到 2~3 吨。

大王乌贼主要生活在太平洋和大西洋离海面 200~1000 米深的水域，它们有一对适应深海的、直径达 25 厘米的大眼睛，可以清晰地监视海底的一切。它们的性情极为凶猛，以鱼类和无脊椎动物为食，并能与抹香鲸搏斗。

首次被发现

1873 年，一艘在纽芬兰附近的葡萄牙海湾航行的小船，发现海岸边有一团乌黑的漂浮物，船员们起初以为那是沉船残骸。当小船靠近后，这团乌黑的漂浮物忽然甩出一条长长的触须缠住了小船，并拽着这艘长达 6 米的小船往海底沉，船员们慌乱中抓起斧子砍断了怪物的触须后才脱险。

这条被船员们砍下来的触须长达 5 米，船员们将它带给当地的博物学家摩西·哈维牧师辨认，哈维牧师经过仔细研究后，认为这条触须来自乌贼家族中的某一未知成员。

❖ 被捕获的大王乌贼

❖ 体长达 8 米的大王乌贼被冲上澳大利亚的海滩

2007 年 7 月 10 日，在澳大利亚南部海滩发现了一只体长 8 米、重达 250 千克的大王乌贼。

根据《吉尼斯世界纪录大全》记载，1888 年，人们在纽芬兰看到的大王乌贼是有记载以来最大的，它长 18.3 米（包括触须），重 1 吨。

博物学家摩西·哈维牧师在看过被砍下的大王乌贼的触须后说道："我现在是动物世界罕见动物样本的拥有者。这个样本是神秘章鱼（旧时对大王乌贼的称呼）的一条真正的触须。关于它们的存在，博物学家已经争论了几个世纪。现在，我知道在我的手里握有打开这个神秘世界的钥匙，因为这把钥匙，自然史将翻开新的一章。"

❖ 大王乌贼与抹香鲸搏斗

据我国香港《新报》2014年10月12日报道，一艘绿色和平组织的潜艇，在俄罗斯与阿拉斯加之间的白令海海底航行时，忽然有一只大王乌贼伸出10条触须朝潜艇扑了过来，潜艇指挥官迅速命人打开强光，企图用灯光吓退它，然而受惊的大王乌贼只是稍作犹豫，之后便向潜艇喷出了大量的墨汁，染黑了海底，也挡住了潜艇的强光，然后就消失了。

血蓝蛋白又称血蓝素，是一种多功能蛋白，过去被称为呼吸蛋白，但最新研究表明，该蛋白与能量的贮存、渗透压的维持及蜕皮过程的调节有关。它是在某些软体动物、节肢动物（蜘蛛和甲壳虫）的血淋巴中发现的一种游离的蓝色呼吸色素。

无法适应浅海

人类很少在海洋中见到大王乌贼的主要原因是它们无法适应浅海环境。

大王乌贼体内的血蓝蛋白（运输氧气的化合物）在温暖的海水中会变得效率低下，而海洋表面的水温相对海底要高很多，因此，当大王乌贼浮上海面时，它们的肌肉会慢慢地变得松弛无力。另外，大王乌贼的大眼睛只适应黑暗的深海环境，无法适应海面上的强光，因此，当它们浮出海面时，眼睛会因为大量光线而致盲，变得脆弱不堪。这就是为什么人们不能捕捉到或看到活生生的大王乌贼的原因。一般情况下，当一只大王乌贼出现在海面上时，它很可能已经生病了，正在死亡的边缘或者已经死去。

虽然大王乌贼体型巨大、生性凶猛，但是它们也有天敌，那就是抹香鲸，在抹香鲸面前，不管大王乌贼有多厉害，也难逃被吃的命运。

❖ 抹香鲸吞噬大王乌贼

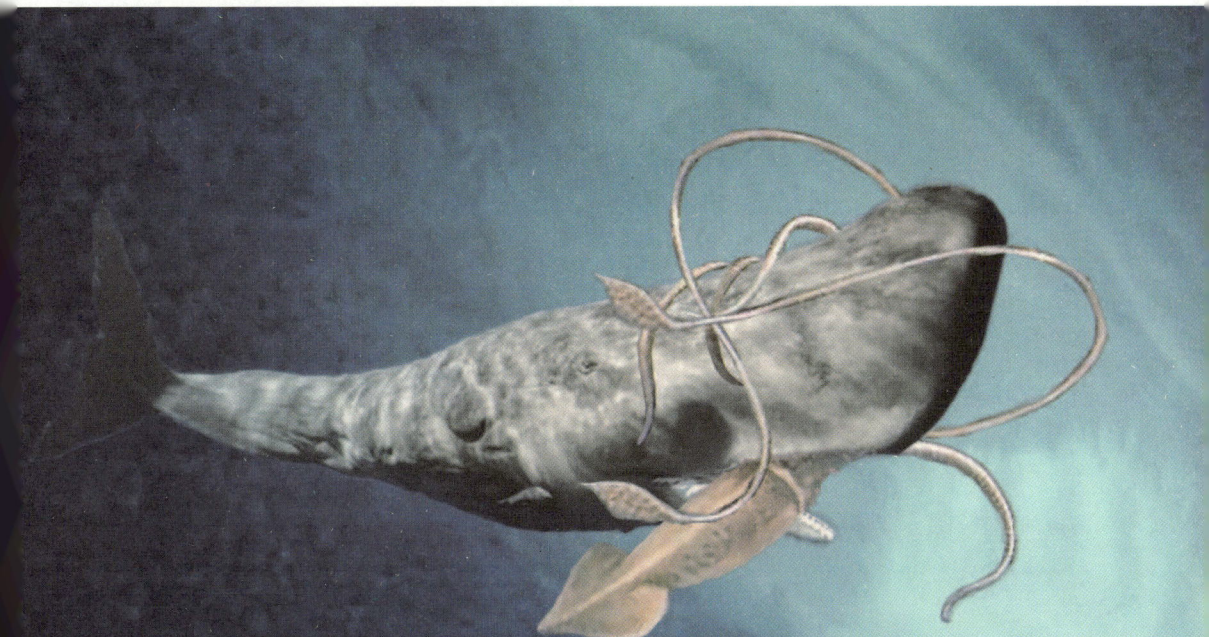

躄鱼

躄鱼体色艳丽,生活在热带珊瑚礁及海藻繁茂的海底,它们不太会游泳,但会使用胸鳍和腹鳍行走,会随周围环境而改变身体的颜色,还会使用珊瑚、海葵或海草加强伪装效果。

躄鱼又叫青蛙鱼、跛脚鱼,为暖水性近岸底层小型鱼类,分布于印度洋、大西洋和太平洋的热带及亚热带海域,常见于红海,少见于地中海。海洋中有超过 100 种躄鱼,但能够分辨出来的只有 50 种左右,并且数字还有待商榷。躄鱼体色艳丽,以高明的伪装技术而出名。

能行走的鱼

躄鱼是一种不太"称职"的鱼,不太会游泳,这是因为它们的体内没有鱼鳔,无法轻松地控制自己的浮力,而且胸鳍向下生长,很难在游泳时保持平衡。

躄鱼要想移动身体,就得靠胸鳍和腹鳍交替运动,像四足动物那样在海底爬行,它们也可以同时向同一个方向移动胸鳍,

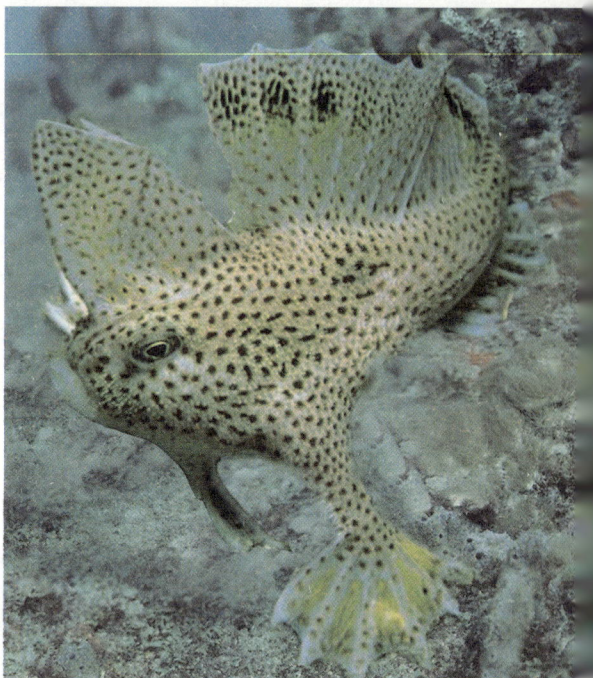

❖ 美丽的躄鱼

❖ 双斑躄鱼
双斑躄鱼的体长约为 12 厘米,分布于西太平洋,包括中国、菲律宾、印度尼西亚、新几内亚、所罗门群岛、帕劳等海域。

躄鱼头大,体稍侧扁,腹部膨大。躄鱼的体型小,皮肤粗糙,不可食用,多作肥料。

❖ **珊瑚手躄鱼**

珊瑚手躄鱼分布于印度洋—太平洋海域，从圣诞岛、帕劳、斐济至夏威夷、社会群岛海域，栖息深度2~21米，栖息在潮池、外海礁坡，有毒。

❖ **躄鱼**

中国产5种躄鱼，即三齿躄鱼、毛躄鱼、钱斑躄鱼、驼背躄鱼、黑躄鱼。

将重量转移到腹鳍后向前挪动。但是，无论它们使用哪种方式前进，每次都只能前行很短的距离。

伪装大师

海底擅长伪装的生物非常多，躄鱼却独树一帜，是一个超级伪装大师。

躄鱼拥有艳丽的外表，全身无鳞，它们会改变外表的颜色来伪装自己。躄鱼的伪装不同于变色龙、乌贼或章鱼，它们不能快速改变颜色或纹理，需要花上几个星期才能让自己完全融入周围的环境，甚至达到完全"消失"的效果。这是因为躄鱼不仅会改变自身的颜色，还会利用环境隐藏自己，它们会在改变自身体色之后，再在身上覆盖一些遮挡物，如一团杂草、海绵或珊瑚，以达到和周围的环境完全融为一体的效果，使猎物或天敌都无法发现它们的存在。

凶残的捕猎高手

躄鱼虽然行动迟缓，但不妨碍它们成为凶猛的捕食者。躄鱼是以其他鱼类、甲壳动物为食的肉食性动物，有的地方也把它们称为鱼类中的"食人族"。

躄鱼的大嘴可以吞食比自身重一倍的动物，但是由于躄鱼没有牙齿，如果猎物体积过大，也就只能眼睁睁地看着到嘴的美味逃跑了。

❖ **康氏躄鱼**

康氏躄鱼的体长为30~38厘米，鱼体似扁球状，表皮粗糙，具小棘。体色随环境变化，口大，并布满细齿。

❖ 条纹躄鱼

条纹躄鱼是躄鱼的一种，最擅长伪装。它的体色会随环境变化而不断改变。它身上毛茸茸的东西可不是毛发，而是小刺，常在礁石间静止不动，拟态成石块，借机吞食附近的生物。

❖ 迷幻躄鱼

2009年，迷幻躄鱼在印度尼西亚安汶岛的近海被发现。它是一种黄褐色或桃红色的躄鱼，面部的外轮廓可能有一种感官结构，就如同猫胡须一样具有灵敏的感知能力，能够感知到一些海底洞穴内部石壁的状况，便于在珊瑚礁之间狭小的空间进行探索。

"躄"是扑倒的意思，而躄鱼正是用"扑倒"的方式捕食。躄鱼伪装好后，会静候猎物从身边经过，或者晃动头部突出的伪鳍钓鱼，伪鳍就是它们的鱼饵，只要有足够的耐心，就能引诱来毫无防备的猎物，一旦猎物到达捕捉范围内，躄鱼就会像青蛙一样迅速跃起，将猎物扑倒。

躄鱼扑倒猎物后，会第一时间张开能扩大12倍的口腔，仅需6毫秒时间就能将猎物和海水一并吸入巨嘴中，猎物被吞下之后，水从鳃中流出，这个猎食过程非常快，猎物往往一点儿反抗都没有就被吞吃了。

躄鱼是一种既古怪又有趣的生物，如果有幸能够到它们生活的海域潜水，一定要仔细观察寻找，否则很可能与它们失之交臂！

❖ 邮票上的躄鱼

电鳐

电鳐是鳐鱼的一种，它们的头与胸鳍之间的腹面两侧各有一个蜂窝状的发电器，能把生物能转化为电能，并能迅速释放电。大型电鳐发出的电流可以轻松击倒一个成人，因而拥有"海底活电站"之名。

电鳐生活在世界上的热带和温带海域，大多生活在浅水中，其中深海电鳐可生活在水深1000米以下的海洋中。电鳐活动缓慢，以鱼类及无脊椎动物为食。

能发电的电鳐

电鳐最大的个体体长可以达到2米，很少在0.3米以下，它属于卵胎生，身体柔软，皮肤光滑，头与胸鳍形成圆或近似圆形的体盘，看上去很像小提琴。电鳐有5个鳃裂，吻部突出，臀鳍消失，尾鳍很小，胸鳍宽大，胸鳍前缘和体侧相连接。在胸鳍和头之间的身体两侧各有一个大的发电器官，能迅速释放电来击伤敌人或猎物，大型电鳐发出的电流足以击倒一个成人。

❖ 电鳐

电鳐是活的"发电机"

电鳐又被称为活的发电机、活电池、电鱼，因能自动发电而闻名。它尾部两侧的肌肉，是由有规则排列着的6000 ~ 10 000枚肌肉薄片组成，

❖ 黑斑双鳍电鳐

黑斑双鳍电鳐为暖水性种类，是电鳐类中个体较大者，体长30~45厘米，分布于印度洋、印度尼西亚以及我国南海等海域。

❖ 在海底活动的电鳐

❖ 日本单鳍电鳐

薄片之间有结缔组织相隔，并有许多神经直通中枢神经系统。每枚肌肉薄片就像一个小电池，虽然只能产生150毫伏的电压，但近万个"小电池"串联起来，产生的电压不可小觑。

电鳐中枢神经系统

电鳐的中枢神经系统能感受到电感，并能指挥电鳐的行为，决定采取捕食、避让或其他行为。有人做过这样一个实验：在黑暗的水池中放入两根垂直的导线，然后放入电鳐，发现电鳐能轻松地在导线中间自由穿梭，而不会碰到导线；当导线通电后，电鳐便不再从导线间穿梭，而选择避让导线或者围绕导线周围游动，这说明电鳐靠"电感"感受到导线中的电，也感受到了危险。

❖ 电鳐的两个发电装置

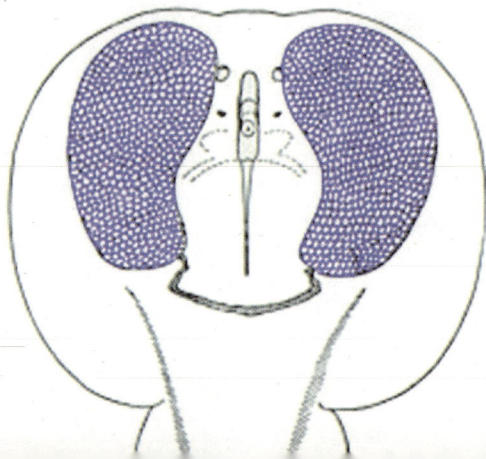

❖ 能放电的电鳐

难得一见的海洋名医

　　世界上已知的能放电的鱼类多达数十种，除了电鳐之外，还有电鲶、电鳗等。早在古希腊和罗马时代，这些能放电的鱼类就已被医生利用，当时的医生会把病人放到电鳐、电鲶或电鳗身上，或者让病人去触碰正在放电的电鳐、电鲶或电鳗，利用它们的放电来治疗风湿病、头疼和癫狂症等。如今，这种治疗方式在法国和意大利沿海依旧时常可见，每当退潮时，法国和意大利沿海还总会有一些风湿病患者在海滩上寻找这些难得一见的海洋医生。

鳐和鲨鱼有很近的亲缘关系，区别在于它们的体型、鳃和吻的位置不同。鳐因为具有强壮而扁平的身体，有时也被称作扁鲨。鳐的胸鳍异常宽大，一直延伸到头部。如果检验一下它们的骨骼，除了巨大的扇形鳍结构外，鳐和鲨鱼像极了。

电鳐的放电特性启发人们发明和创造了能贮存电的电池。人们日常生活中所用的干电池，在正负极间的糊状填充物，就是受电鳐发电器里的胶状物启发而改进的。

电鳐不能持续放电：电鳐每次放电后，都要经过一段时间的积聚才能继续放电。由此，巴西人在抓捕电鳐时，总是先把家畜赶到河里，引诱电鳐放电，或者用拖网拖拉，让电鳐受惊后放电，之后再轻而易举地捕杀失去反击能力的电鳐。

霓虹刺鳍鱼

鱼和其他生物一样也会生病，如身上长了细菌、寄生虫或被其他海洋生物咬伤等，如果不及时清理，就会生病甚至死亡。因此"鱼医生"这个职业应运而生，霓虹刺鳍鱼就是海洋"鱼医生"的代表，它们世代相传，终身辛勤地为病鱼"义务看病"。

霓虹刺鳍鱼的体长仅有3~5厘米，它们的身体修长，体色艳丽夺目，祖祖辈辈以为大鱼搞清洁、"义务看病"为生，因此，又被叫作"鱼大夫""鱼医生"。

❖ 霓虹刺鳍鱼

奇特的大家庭

一条雄性霓虹刺鳍鱼往往和多条雌性霓虹刺鳍鱼生活在一起，而且这些雌鱼都不能离开雄鱼活动的"鱼医院"周围，哪怕是去隔壁"鱼医院"串门也不行。有时一条雄性霓虹刺鳍鱼后面会跟着5~6条雌性霓虹刺鳍鱼，它们按照严格的等级排成长列。

离雄鱼最近的那一条雌鱼的地位最高，其他的地位要低一些，如果雄鱼不幸死亡，那么那条离雄鱼最近的雌鱼会继续带领大家一起生活，因为它会在几天内长出雄性生殖器变成雄性，其他的雌鱼则会成为它的配偶。

❖ 霓虹刺鳍鱼大家庭

❖ 给苏眉鱼看病的霓虹刺鳍鱼

当霓虹刺鳍鱼在给病鱼看病，有掠食者不守规矩，突袭猎杀病鱼时，病鱼会将"鱼医生"放到安全的地方后再逃之夭夭，或者与凶猛的掠食者决一死战，决不会让"鱼医生"遭到伤害。

很多鱼在接受治疗时，身体的颜色会改变，比如，由浅色变为红色，或由银色变成古铜色。有人觉得这是医患之间的交流，"病人"在告诉"医生"哪里不舒服。但是没有科学合理的解释。

❖ 给海龟治病的霓虹刺鳍鱼

拥有私人"医院"的家庭

霓虹刺鳍鱼常是独行客，或者一家子一起，在大约 10 米深的珊瑚礁、突兀岩和水道中开设私人"鱼医院"，虽然这个区域有很多家霓虹刺鳍鱼开设的私人"鱼医院"，但是彼此之间很少有业务交流。

霓虹刺鳍鱼无须任何药物和器械，只凭嘴尖，就可以帮助各种大鱼清理伤口上的坏死组织、致病的微生物以及口腔中的残留物，而这些被"清除"的污物就是给霓虹刺鳍鱼的报酬，是它们赖以生存的食物。

有条不紊地依次看病

"鱼医院"门前常会有许多大鱼列队"候诊"，不过一切都是有条不紊，依次看诊，海洋世界中的生存法则"大鱼吃小鱼，凶鱼吃善鱼"，在"鱼医院"门前都会被暂时搁置。在"鱼医院"，几乎所有的鱼都有尊有让，即便是海中霸王鲨鱼，在霓虹刺鳍

鱼眼中，也只是一个普通的病人，鲨鱼也只能安静地在医院门口排队，耐心等待"医生"将前面的病人一一送走，才轮到自己"看病"。

轮到"看病"的鱼，都会主动头朝下，尾巴朝上，笔直地悬浮在水中，等待"鱼医生"清洁身体上的微生物、寄生虫或者伤口。如果是口腔不舒服，那么只需要张大嘴，"鱼医生"就会钻进嘴里去，帮助它剔除牙齿上的残留物，认真地清理口腔。清洁、治疗完后，大鱼便可舒舒服服地游走，后面排队的鱼才能"看病"。

霓虹刺鳍鱼总是有求必应，耐心地为每一位"患者"服务。据科学家统计，一天之内，一条"鱼医生"可为300~500位"患者"解除病痛。

霓虹刺鳍鱼不会攻击病人，也不用担心病人袭击，天长日久，形成了这种特殊的医患关系，这是一种奇特的相互依存的共生现象。

❖ 忙碌中的霓虹刺鳍鱼

排队就医时，难免会发生拥挤和争执的场面，不过霓虹刺鳍鱼从不性急，总是会不慌不忙、认真地工作着。如果排队的场面混乱到不可控制，霓虹刺鳍鱼就会愤怒地离开"鱼医院"，躲到清静的地方，每当这时，病鱼们总会将"鱼医生"围住，不让它离开，然后"鱼医生"会重新开始治病工作，病鱼们会自动地依次看病。

因为霓虹刺鳍鱼在鱼群中有良好的口碑，不会遭到大鱼的攻击，所以三带盾齿鳚会模仿其形态，甚至连身上的纹路也几乎和霓虹刺鳍鱼一模一样，可以说是完美复刻，不仅人类分不清楚，连一般的鱼类也无法分辨，这样三带盾齿鳚不仅可以避免遭到大鱼的攻击，还可以借亲近其他鱼类时趁机偷袭它们。

❖ 与霓虹刺鳍鱼几乎一模一样的三带盾齿鳚

棘冠海星

海洋中常有一些岛屿会突然之间消失，有的是因为海平面上升被淹没了，有的是因为海底火山爆发所致，最让人感到惊奇的是，有的是被棘冠海星吃掉了！

棘冠海星又被称为星鱼，分布于整个印度洋—太平洋海域，在澳大利亚的大堡礁附近尤为常见。

水中飞碟

棘冠海星的形状似一个圆盘，体型较大，最小的 25 厘米，最大的超过 1 米，圆盘一圈均匀分布着 8~21 条腕（爪子），腕外端棘特别发达，长可达 4.5~5 厘米。腕是棘冠海星取食的专用工具，上面密布着棘，能分泌出具有化骨软石功效的液汁，既可以用于软化食物，又可以用来防身御敌。

❖ **大法螺**

大法螺也称海神法螺，海南民间俗称凤尾螺。除了大法螺外，成年的棘冠海星几乎没有天敌。

根据生活地区的不同，棘冠海星有着多种多样的体色：紫红、青绿、黄绿、蓝黑、粉蓝等，五颜六色，看起来挺美的。

❖ **棘冠海星**

棘冠海星的游泳方式很奇特，像是一个巨大的盘子在水中旋转，因此，澳大利亚人给它起了个"水中飞碟"的雅号。

棘冠海星主要以珊瑚为食，偶尔也会吃贝类或海参等。一只棘冠海星每昼夜可吃掉2平方米的珊瑚礁。它们的吃相很恐怖，成千上万只棘冠海星会一起哄抢，互相比拼啃食速度，直到把一片珊瑚啃光，才会像飞碟一样"飞"往下一处进食。

"谍岛"消失之谜

棘冠海星的胃口之大令人震惊，一些小的珊瑚岛很快就会被它们啃食光，古往今来，许多岛屿离奇失踪现象都是由它所为。

南太平洋上曾经有一座不足500平方米的无名珊瑚岛，美国在岛上安装了海面遥感监测器，美国五角大楼可以直接通过卫星，接收这座"谍岛"发来的各种情报，如周边过往的商船、军舰以及在此海域出没的潜艇等重要信息。

然而，2000年夏季，"谍岛"的海面遥感监测器的信号突然中断，美国五角大楼非常震惊，怀疑是敌国搞破坏，于是派出一支演习部队前往"谍岛"海域一探究竟，然而却没有找到这座岛屿，"谍岛"凭空消失了。

❖ 大法螺在猎杀棘冠海星

❖ 常见的海星

人们常见的海星大部分都是5条腕，而棘冠海星有8~21条腕。

❖ 布满棘的棘冠海星

据美国情报部门分析，"谍岛"是一座无名珊瑚岛，既不是火山岛，也不是流沙岛；"谍岛"消失期间当地也没有发生过海啸、地震等；更不可能被敌国炸毁，因为要炸毁这样一座珊瑚岛，需要大量的炸药，而且发生爆炸的话不可能不被美国间谍系统发现。

一时间，"谍岛"的消失成了一个谜，美国人甚至怀疑是外星人所为。后来，美国生物学家们给出了一个合理的解释，这座"谍岛"被棘冠海星吃掉了，并列举了被棘冠海星吃掉的澳大利亚的珊瑚岛。

澳大利亚的珊瑚岛消失之谜

根据美国生物学家介绍，在"谍岛"消失之前，1990年秋，澳大利亚东北部的珊瑚海海域有两座珊瑚岛突然消失了，后来发现大的那座岛屿漂到了珊瑚海的另一侧，而小的那座珊瑚岛则完全消失了。除此之外，在大堡礁海域也有大片的珊瑚礁消失，这种神秘现象引起了澳大利亚政府和科研部门的重视。后来科研工作者在珊瑚海海域和大堡礁海域发现了一种贪吃珊瑚的棘冠海星，因此，科学家们断定消失的珊瑚岛是被棘冠海星吃掉了，而漂走的珊瑚岛是因被棘冠海星吃掉了底部而被强劲的海流冲走的。

❖ 棘冠海星密布的棘

❖ 自转岛

棘冠海星解释了很多谜题

早在 1964 年，"参捷"号货轮在航行至西印度群岛时突然发现一座无人小岛，它会像地球自转一样，每 24 小时旋转一周并且一直不停。当时世界各地的科学家都非常震惊，百思不得其解。此外，科学家对自 20 世纪 60 年代以来，从南太平洋上空拍摄的高分辨率卫星影像图和空中拍摄的照片进行对比研究发现，有些岛屿失踪

棘冠海星就像电影里的"大反派"，怎么杀都杀不死，它们是所有珊瑚的噩梦。20 世纪 60 年代，连绵 2000 多千米、宽 50 多千米的澳大利亚大堡礁，就曾有 1/5 的珊瑚遭受棘冠海星的蹂躏。为了消灭它们，澳大利亚海洋公园旅游经营者协会曾召集 25 名潜水员，潜入水下以注射胆盐的方式刺杀棘冠海星，但是收效甚微。

❖ 棘冠海星是珊瑚的噩梦

❖ 棘冠海星杀手机器人 COTSbot

据《科学》杂志介绍，澳大利亚昆士兰科技大学为抑制棘冠海星的过盛成长，开发了具备人工智能的棘冠海星杀手机器人 COTSbot。

被棘冠海星啃食过的珊瑚都出现了白化现象，因此控制和消灭棘冠海星是拯救和保护珊瑚的最佳手段。

❖《追逐珊瑚》中死亡的珊瑚

后不知去向，有些则漂离去了别的地方。按照如今的认知，珊瑚岛旋转、移位与失踪等谜题就很容易被解开了，这一切并非神秘力量所为，而是棘冠海星的杰作。

剑鱼

剑鱼拥有异常锋利的"剑"，稍有不顺眼就和鲨鱼、鲸对着干，不仅如此，就连海面上航行的船只，只要它看着不爽了，也会毫不犹豫举"剑"，以命相搏。

剑鱼又称箭鱼，因上颌向前延伸呈剑状而得名。它们广泛分布于热带和亚热带海洋中，有时也出现于冷水海域。

❖ 剑鱼

剑鱼的第一背鳍和第二背鳍的距离很远，其体色单一，且尾柄异常粗壮，吻扁平如剑。

大型的硬骨鱼

按通俗的说法，剑鱼属于尖嘴鱼，而尖嘴鱼里除了剑鱼外，其余的种类都是旗鱼，因此，剑鱼和其他的尖嘴鱼的关系要远，形态上也有很明显的区别。

旗鱼的第一背鳍很显眼，可以折叠；体色也更复杂，尾干也没有那么粗壮，吻比剑鱼的更加立体和尖锐。

❖ 旗鱼

❖ 青岛水族馆展出的剑鱼（左）和旗鱼（右）

剑鱼是比较大型的硬骨鱼，平均体长在 3 米左右，最长能达 4.5 米，最大体重达 650 千克；它拥有典型的流线型身体，体表光滑无鳞；头及体背侧为金属般的蓝紫色，腹部淡黑色，各鳍暗蓝色，没有侧线；上颌（剑吻）长而尖，横截面扁平，边缘锐利，类似"剑"；背部的鳍较小，且第一背鳍和第二背鳍的距离很远，无鳔、牙和腹鳍。

剑鱼的主要食物为其他鱼类和乌贼。剑鱼分布于除北冰洋之外的各大洋，其本身也是一种主要的食用鱼，具有重要的渔业价值。

深潜型的远海捕食者

剑鱼活动的水层要比其他的尖嘴鱼深很多，它是一种深潜型的远海捕食者，白天主要深潜至 550 米的海底，捕食头足类海洋生物以及底栖鱼类。有数据显示，有些剑鱼潜水的

❖ 被剑鱼攻击的潜水员

深度曾超过 2800 米，到了晚上，剑鱼则会活动于海洋表面。

剑鱼与大部分鱼类不同，它们有独特的肌肉和脂肪组织，能为大脑和眼睛提供温暖的血液，能使它们到达极端寒冷的海洋深处时，还能保持大脑清醒，眼睛不被冻伤。

不仅如此，剑鱼还比其他的尖嘴鱼更能够忍耐低温和更低的溶氧量，能更好地适应深海恶劣的生存环境。

游泳速度惊人

剑鱼的游泳速度非常快，它们拥有强壮的尾柄，能产生巨大的推动力，长剑般的吻部能劈水而行。1967 年，苏联《自然》杂志中刊载的《海中动物的速度比较表》中显示："剑鱼的游速最快，时速可达 130 千米，是目前已知游速最快的海洋鱼类。"

剑鱼头顶一把长剑，以如此惊人的速度在大海中横冲直撞，具有极其强大的杀伤力，在海洋中几乎没有天敌，甚至连虎鲸、伪虎鲸、大白鲨、灰鲭鲨等大型掠食者都不太爱招惹剑鱼，因为捕食剑鱼会付出很大的代价。曾有捕鲸船在巴哈马海域捕获一条 330 吨重的灰鲭鲨，它的身上深深地插着剑鱼的"剑"。后来，人们在这条灰鲭鲨的肚子里发现了一条断了"剑"的剑鱼，可见灰鲭鲨和剑鱼之间曾发生过一场恶战，要想捕食剑鱼并不是一件容易的事。

❖ 旗鱼工艺品
仅从外形、色彩上看，旗鱼要比剑鱼多彩而美观，但是剑鱼的战斗力远超旗鱼。

2015 年 5 月 29 日，美国夏威夷一位渔民由于剑鱼的攻击而丧生。

❖ 剑鱼一"剑"刺中猎物

❖ 剑鱼刺穿木船

剑吻杀伤力惊人

剑鱼的攻击性极强，有时还会攻击海面上航行的船只，在全力攻击下，它们的剑吻能刺穿很厚的船板。

在19世纪之前，几乎所有在海上航行的船只都是木船，因此，剑鱼对这些船只来说危害性相当严重，当时的英国保险公司甚至专门出台了"剑鱼攻击船只所受伤害保险"条款。如今，在英国历史自然博物馆中，还能看到曾遭到剑鱼攻击而受损的船只和剑鱼被船折断的"剑"。

剑鱼不仅攻击木船，就连大名鼎鼎的"阿尔文"号潜水器也曾遭到过它们的攻击。

"阿尔文"号潜水器是世界上首个载人深潜潜水器，潜水器内部有一个直径约2米的钛合金载人球舱。1967年7月6日，"阿尔文"号潜至610米深的海域时，遭到了一条剑鱼的突然攻击，剑鱼的"剑"直接刺穿了潜水器，幸亏潜水器内部还有一个钛合金载人球舱，才没有造成人员伤亡。

1967年7月6日，"阿尔文"号被剑鱼刺破后，工作人员费了九牛二虎之力才将它打捞出水面，而这条剑鱼的"剑"卡在潜水器上并被带出了水面，最后成了工作人员的一顿美餐。

❖"阿尔文"号

海洋中的角斗士

大部分人都认为剑鱼的攻击方式是"刺"，它们一言不合就刺鲨鱼、巨鲸或船

❖ 剑鱼攻击机
剑鱼攻击机是 20 世纪 30 年代英国研制装备的一型双翼螺旋桨鱼雷攻击机。

只，剑鱼仗"剑"闯天下，一"剑"刺万物。实际上，剑鱼的"剑"是扁平的，两边比较薄而锋利，它们使用"剑"时最常用的招式是"砍""劈""削"。剑鱼平时在对付鱿鱼、银鳕鱼、鲭鱼、鲱鱼等鱼类时，"砍""劈""削"就足以将猎物杀死，只有在对付大型生物，如鲸、鲨时，它们才会以时速上百千米全力一拼，以死相搏。

剑鱼被喻为"海洋中的角斗士、海洋捕手"，"剑鱼"一词常被表示"迅速、快捷、凶猛"等意思，被用于各个领域，如好莱坞电影《剑鱼行动》；游戏《4399 生死狙击》和《刺客信条》中都有以剑鱼为形象的武器；此外，还有以剑鱼之名命名的飞机，如剑鱼式鱼雷轰炸机、剑鱼攻击机，以及以剑鱼之名命名的台风、星座等。

❖ 游戏《刺客信条》中的剑鱼武器

剑鱼座是南天星座之一，是 1603 年为德国业余天文学家巴耶所划定的。剑鱼座内的星都不亮，之所以为人注目，是因为著名的大麦哲伦星云就在剑鱼座与山案座之间，其中 2/3 在剑鱼座界内，肉眼可以看到它是一片不小的光斑。

剑鱼行动以剑鱼为武器外形，长长的上颌如一把锋利的长剑，是游戏《4399 生死狙击》中英雄级角色的近战武器。

❖ 剑鱼行动——游戏装备

超级耐热虾

　　虾是"吃货"们必备的美食之一，在大部分人的认知中，虾的肉质鲜嫩可口，有些虾甚至用开水一涮就熟。但是，超级耐热虾却颠覆了人们的认知，它们不仅生活在海底热泉附近的极端恶劣环境中，而且还能安全无恙地快速冲入超过100℃高温的海底热泉，然后再快速冲出。

　　超级耐热虾又名大西洋喷口盲虾，生活在海底黑烟囱喷发口的周围。

　　海底热泉是指海底深处的喷泉，原理和火山喷泉类似，喷出来的热水就像烟囱一样，因此也叫海底黑烟囱。海底黑烟囱喷发口周围的热液温度极高，可能达到500℃以上，含有大量的硫黄铁矿、黄铁矿、闪锌矿和铜、铁的硫化物等物质。这些矿物质对陆地动物或许是致命的，但是对于热泉生态动物来说，这里是完美的福地。

　　超级耐热虾就生活在海底黑烟囱喷发口的周围，它们的虾身颜色偏白，没有正常的眼睛，但它们不是瞎子。根据科学家推测，超级耐热虾的背部有感光器，可以帮助它们感受到海底热泉处发出的微弱红外光。

❖ 海底"黑烟囱"

❖ 超级耐热虾

幼年并不在黑烟囱口成长

据科学家介绍，海底黑烟囱的生态并不适合繁殖胚胎，因此，超级耐热虾的雌虾在繁殖期会离开海底黑烟囱喷发口周围，去较远的地方繁殖。

超级耐热虾的幼虾和人们日常所见的虾没什么区别，它们靠食用上层海域漂下来的残渣碎屑成长。随着长大，它们会慢慢地朝海底黑烟囱靠拢。成年后，它们会回到海底黑烟囱喷发口处，眼睛也会逐渐消失，背上会发育出感光器，从此，它们就成了海底黑烟囱高温生态环境中的一份子。

只能快速冲入和冲出高温

在海底黑烟囱喷发口周围的高温环境中生存，看似比在极寒温度下生存的极地冰虫更难。但实际上，科学家发现，超级耐热虾靠感光器，可以快速冲入和冲出100℃或更高温度的水中，但如果在高温下待的时间长了也会被煮熟。虽然超级耐热虾只能短时间存在于高温环境中，但这也实属罕见。海底黑烟囱喷发口处的温度并不低，大部分生物是无法生存的。目前，科学界还无法得知超级耐热虾是如何抵御高温的，因为它们生活在深海中，人类很难在海底黑烟囱喷发口周围开展长时间的科学观察和研究。

❖ **热泉口的超级耐热虾群**
海底黑色烟囱喷发口周围冷水和热水交替融合，形成了一片温度在60~100℃不等的独特海域。而超级耐热虾其实只适应这个温度范围，如果温度达到100℃以上，时间长了还是会被煮熟的。

❖ 海底黑烟囱口的超级耐热虾群
超级耐热虾会成群聚集在海底黑烟囱喷发口周围，每平方米的数量多达2000只。

❖ 超级耐热虾特写

叶羊

靠 晒 太 阳 就 能 活 命

光合作用是陆地植物的标志，甚至可以简单粗暴地认为会光合作用的基本都是植物，但是这一认知却被生活在海洋中的叶羊打破了，因为它是一种会光合作用的动物。

叶绿素能吸收阳光总能量的3%~6%。就算让人躺在地上接收一整天的阳光，摄取的能量还不如吃上几把谷子。多数动物想靠光合作用苟活，都只会入不敷出。但是，有一种动物就真的靠光合作用度过一生，它就是叶羊。

叶羊是藻类海蛞蝓，它是甲壳类软体动物中的特殊成员，身体只有一层薄薄的皮壳，主要分布在日本、印度尼西亚和菲律宾等海域。

叶羊因拥有独特的生存技能——会光合作用而名声大噪。叶羊身长只能长到 5 毫米，外形就像小绵羊一样，有毛茸茸的触角，小而明亮的眼睛，而且像羊一样也是以草类（海藻）为食，于是被喜欢的人们亲切地称为"叶羊"。

叶羊能利用进食到体内的"草类"为身体提供养分。然后，只需像植物一样，每天晒晒太阳，将食物中的叶绿素转化成身体所需的能量，当身体养分不足时，只需吃几口身边的海藻，再继续晒太阳就能存活。

叶羊的这种生存技能就像是生命的"黑科技"，它是迄今为止唯一可以进行光合作用的动物。这种可以将食物中的叶绿素转化到自己体内并为自己所用的过程，在生物学中称为盗食质体。

叶羊是通过体外受精繁殖的，幼体孵化后到没吃海藻前，身体呈透明状，直到开始进食藻类，体色才开始慢慢变成绿色，这也意味着它们发育成熟了。

❖ 叶羊

❖ 叶羊造型的工艺品

翻车鱼

形 状 最 奇 特 的 硬 骨 鱼

翻车鱼是世界上体型最大、形状最奇特的硬骨鱼之一，看上去好像没有身体和尾巴，只是在一个大脑袋上面长着极不相配的小嘴和小眼。它们的性情非常温和，行动缓慢，而且还是鱼类中有名的"专业医生"。

翻车鱼又称翻车鲀，身体又圆又扁，像个大碟子，体形偏短而两侧肥厚，体侧呈灰褐色、腹侧则呈银灰色，看上去就好像被人用刀切去了一半一样。它们分布于全世界各热带及温带暖水海域。

笨拙的游泳技能

翻车鱼的身体像鲳鱼那样扁平，天气好的时候，翻车鱼常像是侧睡在海面上一样，一面向上翻躺在水面，随着波浪漂荡。因此，渔民以"翻车"来形容翻车鱼。

翻车鱼利用扁平的身体悠闲地躺在海面上，借助吞入空气来减轻自己的比重，若遇到猎食者时，就会潜入海洋深处，用扁平的身体劈开一条水路逃之夭夭。但是，翻车鱼靠背鳍及臀鳍的摆动来前进，所以游泳技术不佳且速度缓慢，而且嘴很小，一旦被猎食者盯上，基本上没有可能逃脱。因此，翻车鱼如果来不及逃跑，即便是被猎食者咬住了，也不会去反抗，任由它撕咬，本着对方吃饱了就会自行离开的心态。除此之外，翻车鱼还很容易被渔民的网捕获。

最多名字的鱼

翻车鱼是它最普及、最广的叫法，除此之外，它还有很多名字，在不同的国家和不同的海域也有不同的叫法。

❖ **翻车鱼**

❖ 第一次有记录的发现翻车鱼

这是 1910 年捕获的一条翻车鱼，估计重量为 1600 千克。当时的人们并未发现过这么大的硬骨鱼，所以都争相与之合影。

翻车鱼喜欢侧身躺在海面之上，身体周围常常附着许多发光动物，在夜间发出微微光芒，于是法国人、西班牙人叫它为"月光鱼、月亮鱼"。

翻车鱼上浮侧翻，有在海上进行日光浴、晒太阳的习性，因此英国和美国有些地区的人叫它为"太阳鱼"。

❖ 躺着晒太阳的翻车鱼

翻车鱼的尾巴短小，却有圆圆扁扁的庞大身躯以及大大的眼和嘟起的嘴，它可爱的模样像一个卡通大头，于是德国人称它为"游泳的头"。

翻车鱼在海中游泳时，好像在跳曼波舞一样有趣，于是日本人称它为"曼波鱼"。

翻车鱼的形状怪异、体型庞大，看上去好像有头无身的鱼，故在我国沿海以及南海诸岛称其为"头鱼"。

翻车鱼的称呼还有很多，如芬兰人将它称为"孤独的头"，瑞典、丹麦和挪威则用"块状鱼"来称呼它。

所有热带和温带的翻车鱼都爱吃小鱼、海马、甲壳动物、海蜇、胶质浮游生物和海藻，但它们最喜欢吃的食物是海月水母。

❖ 拉氏翻车鱼　　　❖ 普通翻车鱼

❖ 翻车鱼幼鱼

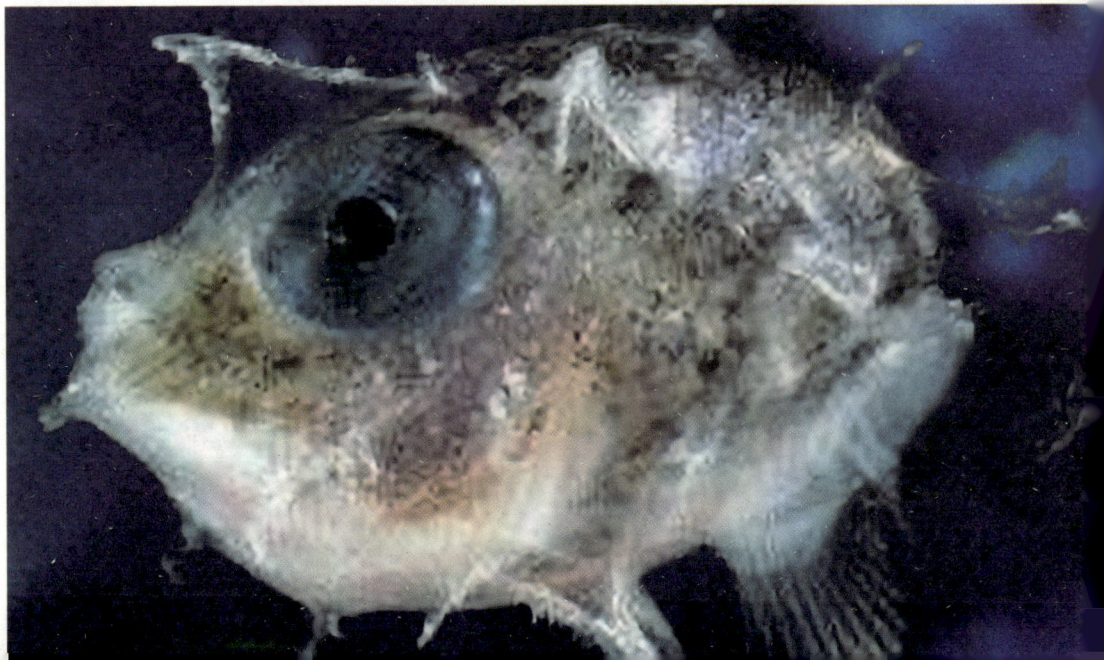

❖ 斑点长翻车鱼

❖ 矛尾翻车鱼

翻车鱼最常见的种类有4种，分别是普通翻车鱼、斑点长翻车鱼、拉氏翻车鱼、矛尾翻车鱼。

经济价值较高

翻车鱼的体长可达 3 ～ 5.5 米，重达 1400 ～ 3500 千克，它的经济价值较高。翻车鱼的肉质鲜美，色白，营养价值高，蛋白质含量比著名的鲳鱼和带鱼都高。

翻车鱼骨多肉少，剥皮后鱼肉约为体重的 1/10，但都是精华。在我国台湾地区有一道名菜"妙龙汤"，就是以翻车鱼的肠子为原料，食之既脆又香。除此之外，用翻车鱼的皮熬制的明胶或鱼油可作为精密仪器、机械的润滑剂，翻车鱼的鱼肝是炼制鱼肝油和食用氢化油等的原料。

海洋中的专业医生

翻车鱼为大型大洋性鱼类，常常单独或成对游泳，有时十余条成群，它们摄食海藻、软体动物、水母、甲壳类及小鱼等。

翻车鱼的游泳速度非常慢，常因受到猎食者攻击而遍体鳞伤。因此，它们身体厚厚的皮上布满了各种寄生虫。有研究证明，翻车鱼的身体上有 40 多种不同的寄生虫，甚至有些寄生虫身体上也有寄生现象。

翻车鱼的身体上时常会分泌一种奇特的物质来改善皮肤的不适，这些分泌物质又改善了四周的水底环境，因为这种分泌物质可以帮助治疗鱼类的伤病，所以，翻车鱼待过的水域常会有其他鱼类来此治疗疾病。因此，说翻车鱼是"鱼中大夫"一点儿不为过。

宇宙大爆炸式的生长力

一条雌性翻车鱼一次可产 2500 万至 3 亿枚卵，它们因此被称为海洋中最会生产的鱼类之一。刚孵化的翻车鱼幼鱼的体长仅 2 毫米，至成年时（成年以 3 米来计算），它的身长足足翻了 1500 倍；初生的翻车鱼幼鱼体重仅 0.04 克，长至成年时（若按成鱼 2000 千克来计算），它的体重足足翻了 5000 万倍。

放眼整个生物界，这样的生长力几乎没有其他动物能与之匹敌，翻车鱼的这种能力被专家称为泰坦基因。

然而，即便翻车鱼有惊人的繁殖能力和宇宙大爆炸式的生长力，但是由于一些自然因素，每条雌性翻车鱼每次产的卵最多只有 30 条幼鱼能安全地成长，加上人类对翻车鱼进行有意或无意的捕捞，使翻车鱼的数量急剧下降，目前翻车鱼在《世界自然保护联盟濒危物种红色名录》中被列为"易危"等级。

❖ **翻车鱼骨骼标本**
从这个翻车鱼的骨骼标本中可以看出翻车鱼的骨骼非常丰富。

翻车鱼拥有令人难以置信的厚皮，它的皮由厚达 15 厘米的稠密骨股纤维构成。19 世纪时，渔民的孩子们会把厚厚的翻车鱼皮用线绳绕成有弹性的球玩。

翻车鱼的分泌物质为何能治疗鱼类的伤病，目前无法解释，但这是被海洋学者和科学家认可的事实。

皇带鱼

深 海 白 龙 王

皇带鱼是海洋中最长的硬骨鱼，有白龙王、摇桨鱼、地震鱼等称号，由于体型巨大、生性凶狠，常被人们误认为是海蛇、海怪等。

皇带鱼分布广泛，除了极地海域以外，世界各地的其他海域均有分布。

皇带鱼体态修长，自带仙气，被尊称为海中的"白龙王"，日本人更是认为这种鱼是"来自龙宫的信使"。

我国台湾地区的媒体报道，2016 年 4 月 20 日，花莲县新城乡康乐村海边捕获一条皇带鱼。另外，在我国台湾花莲地震后，台东太麻里渔民捕获了两条 4 米多长的皇带鱼。

皇带鱼俗称白龙王、摇桨鱼、地震鱼、大带鱼、龙王鱼等。它们主要栖息在太平洋和大西洋的温暖海域，通常生活在 200~1000 米的海洋深处。

皇带鱼不是带鱼

皇带鱼是世界上最长的硬骨鱼类，体形侧扁而长，呈带状，普遍体长约为 4 米以上，也有体长 15 米左右的特例，它们的体重超过 150 千克，因此又常被称为大带鱼。

事实上，皇带鱼并非带鱼，它很少出现于浅海。目前，科学界对它的生长周期、繁殖产卵等信息都不清楚。

❖ 皇带鱼

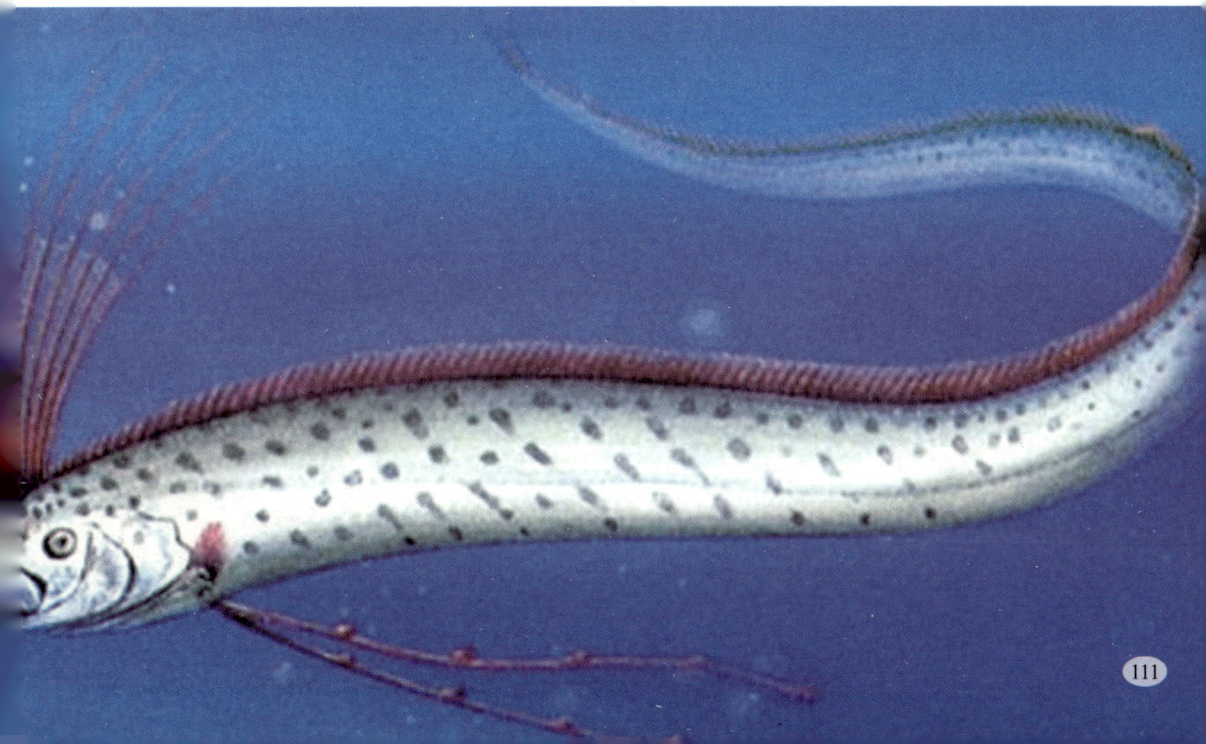

❖ 带鱼

❖ 皇带鱼

摇桨鱼、地震鱼

　　皇带鱼的全身为银灰色并有蓝黑色斑纹，身体上方有一个从头至尾的鬃状红色背鳍；头部形状像马头一样，头部的鳍呈冠状；没有臀鳍，长长的腹鳍形状很像船桨，因此也被称作"摇桨鱼"。另外，皇带鱼地处深海，很容易感受到地震，它们常会在地震爆发前逃离地震带而游至浅水避难，渔民们认为只要有皇带鱼出现，就预示着周围会有大地震发生，因此，皇带鱼也被称为"地震鱼"。

墨西哥的科尔蒂斯海滩浅水区曾经发现过两条长达 15.2 米的皇带鱼，当时吓坏了在附近的游客。据悉，这两条皇带鱼是目前为止发现的世界上最长的硬骨鱼。
❖ 搁浅的皇带鱼

带鱼与皇带鱼的区别
带鱼与皇带鱼最明显的区别就是背部的鳍不一样，而且头部的鳍也不同，带鱼的头部几乎没有鳍，而皇带鱼头部的鳍很长、很炫酷。

皇带鱼又称布伦希尔蒂，其有很多民间称呼，如龙宫使者、白龙王、龙王鱼、大带鱼、大鲱鱼王、摇桨鱼、胖鱼、买牛、蛮、猪精、百牛、地震鱼等。

❖ 皇带鱼模型

深海白龙王

皇带鱼属于肉食性鱼类，是海底世界的凶猛捕食者，它们会攻击所发现的一切海洋动物，包括中小型鱼类、乌贼、磷虾、螃蟹等。通常，皇带鱼被认为是横扫一切的怪兽，被称为深海白龙王，当食物匮乏时，它们甚至会同类相食。

皇带鱼在捕食时头朝上，像一条带子一样漂浮于海底，等猎物从嘴边游过时，就会像弹簧般迅速弹起并将猎物吸入嘴中，然后用坚硬的上颌和下颌撕碎猎物。

❖ 尼斯湖巨兽

神秘的海底巨怪

早在 1500 多年前，英国就开始流传尼斯湖中有巨大的怪兽，目击者的描述各不相同。有人说它长着大象的长鼻，浑身柔软光滑；有人说它是长颈圆头；有人说它出现时泡沫层层，四处飞溅；有人说它口吐烟雾，使湖面有时雾气腾腾……不过据有关科学家研究发现，这个巨大的怪兽极有可能是皇带鱼的一种。

113

常被误认为是"海蛇"

　　皇带鱼很少见于水面，有人偶尔见到常误认为是"海蛇"。因此，欧洲各地长久以来一直流传着有关"大海蛇"的恐怖传说，许多古代和中世纪的航海著作中都描述过船只与大海蛇遭遇的情况。公元前4世纪古希腊先哲亚里士多德在其著作《动物史》中写道："在利比亚，海蛇都很巨大。沿岸航行的水手说在航海途中也曾经遇到过海蛇袭击。"根据海洋生物学家的研究，亚里士多德在《动物史》中描写的海蛇就是皇带鱼。

　　皇带鱼难以被捕捉和观测到，几千年来都充满了神秘感，并且被水手越传越神奇。虽然如今人们逐渐认识了皇带鱼，但是它们身处深海，还有很多方面没有被人们完全认知，期待有一天，科学家们能揭开皇带鱼身上的全部秘密。

据共同社报道，2014年3月7日，日本山口县长门市仙崎地区的白潟海滩，发现一条长4.38米的深海皇带鱼搁浅。

❖ 日本白潟海滩搁浅的皇带鱼

开口鲨

开口鲨并不是我们印象中典型的鲨鱼的模样，它长得与鳗鱼极像，经常被误认为是鳗鱼，曾一度被认为已灭绝了，可事实证明它还存在着。

❖ 开口鲨的 6 条鳃裂

> 2015 年 1 月 22 日，一位澳大利亚渔民在拖网捕鱼时，从澳大利亚沿岸 700 多米的深海中捕到一条"怪鱼"。经鉴定为开口鲨，这是人类首次捉到活的开口鲨。

> 除了怪异的体形外，开口鲨的另一著名特征是怀孕期长达 42 个月（脊椎动物中最长的孕期）。

❖ 开口鲨

开口鲨的学名为皱鳃鲨，它是鲨鱼中最原始的一种，有"活化石"之称，几乎遍及全世界的海域，主要分布于大西洋和太平洋水深 500~1000 米的海底。

海洋活化石

开口鲨与出现在 4 亿年前的鲨鱼的祖先——枝齿鲨很像，它在地球上的存在时间没有明确的答案，一说存在了 3.8 亿年，一说存在了 9500 万年，虽然一直存在争议，但很多证据都能证明它很早就已经出现在地球上了。若非 19 世纪末期，有两条开口鲨被冲上日本海岸附近的沙滩，这种奇特的鲨鱼已经被认为灭绝了。

❖ 开口鲨的满口牙齿

开口鲨外形

开口鲨因外形与鳗鱼相似，故又名"拟鳗鲛"，它是地球上最原始的鲨鱼种类之一。唯一能够看出它是鲨鱼的地方就是它拥有典型的鲨鱼标志——身体两侧有鳃裂。开口鲨的鳃裂有 6 条，间隔延长而且褶皱相互覆盖，所以又被称为皱鳃鲨。鳃裂可以保证它们畅通地在氧气稀少的深海呼吸。

开口鲨的体长为 1.5 米左右，最长的雌性开口鲨达 1.96 米，雄性开口鲨达 1.66 米。它拥有 300 多颗、超过 25 排的锐利牙齿。由于这样的外形和满嘴的牙齿，因此它常被认为是凶恶的怪兽。

开口鲨主要以其他鲨鱼、鱿鱼和硬骨鱼为食，同时也吃从海水上层沉下来的腐肉。

开口鲨的妊娠期长且繁殖率低，因此，种群数量十分稀少。由于其本身具有重要的生态价值，如今已被列入《中国物种红色名录》和《世界自然保护联盟濒危物种红色名录》。

❖ 枝齿鲨螺旋齿轮般的牙齿

枝齿鲨是鲨鱼的祖先，由于环境的变化，它已经灭绝了。

2017 年，有人在葡萄牙阿尔加维海岸意外捕获了一条开口鲨。

❖ 展示中的开口鲨

剑吻鲨

剑吻鲨头顶"独角"，外形丑陋，生活习惯也非常独特，像是从童话世界中走出的深海精灵，人类对它知之甚少。

❖ 剑吻鲨

剑吻鲨是一种底栖性大型鲨鱼，大部分栖息于大陆斜坡270~960米深的海域，但也曾被发现生活在1300米深处。

剑吻鲨很难捕获，即便是捕获也常会在渔网中挣扎，出水后往往都是死的，而死剑吻鲨的皮肤颜色是灰色的，所以在捕获到活剑吻鲨之前，大家一直认为它是灰色的，而事实上，它却是一种粉红色的鲨鱼。这并不是因为它的皮肤有红色素，而是因为它的皮肤是透明的，身体表面的毛细血管中的血液显现出来了。剑吻鲨粉色的肤色在水下会呈不可见的黑色，这样在捕食时，猎物就不会那么轻易发现它。

❖ 张开大嘴的剑吻鲨

剑吻鲨又叫精灵鲨、加布林鲨、欧氏尖吻鲛，它的外形丑陋，头顶长了一个粉红色的长鼻子，鼻子下裂开的嘴里长满锋利的牙齿，更为它的丑陋外形"锦上添花"。它主要出没于日本、印度洋和南非周围的海域。

❖ 剑吻鲨造型的工艺品

诡秘的深海精灵

剑吻鲨的外表无鳞，几乎能在深海中隐形，它们如同行踪诡秘的深海精灵，隐藏在深海中延续生命达1.25亿年之久。

最早有关剑吻鲨的记录是在1898年，人们在日本横滨抓到一条完整的剑吻鲨，但人们对于它的习性等信息了解得非常有限，甚至连它们可以活多久、长多大都毫无所知。

慢吞吞地捕猎

剑吻鲨虽然也是鲨鱼，但是它不像其他鲨鱼那样健壮，它的外皮松软，腹内没有鱼鳔，只能通过肝脏里的脂肪来调节浮力，所以行动缓慢。剑吻鲨常年耐心地潜伏在深海暗处，靠长鼻子里丰富的电感受器感受周围的一切。一旦有硬骨鱼、乌贼和甲壳动物等靠近，它就会突然张开嘴巴，用力地将猎物吸到嘴里，再使用锋利的牙齿咬住猎物，然后慢慢享用。

雄性剑吻鲨的成体长264~384厘米，雌性成体长335~372厘米。最大体长可达385厘米，体延长而呈圆柱形。

剑吻鲨的数量其实要比人们想象的多得多，样本少的原因可能是这种鲨鱼一般生活在数百米深海处，不容易被捕捉到。随着捕捞技术的提高，如今世界各个海域均时常有剑吻鲨被捕获，其中1995年5月—1996年10月，在东京海底峡谷100~300米深处，用底刺网捕捞到多达125条剑吻鲨。2003年4月，在我国台湾地区附近海域捕捞了100多条剑吻鲨。这是有记载的剑吻鲨被捕捉最多的两个时间段。

吸血鬼乌贼

深　　海　　幽　　灵

　　100多年前，有一艘德国科考船在4000米深的水下发现了一种长得有点像乌贼和章鱼的奇怪生物，它黑色的身体上长着通红的大眼睛，看上去像是传说中的吸血鬼，因此得名吸血鬼乌贼。事实上，它不仅不可怕，而且很弱小，但是它有一套完美的保命技巧。

吸血鬼乌贼被认为是海洋中的垃圾处理机。它们以水中的海洋碎屑为食，其中包括死去的甲壳动物的眼睛、腿及幼虫的粪便。

　　吸血鬼乌贼这个名字的字面意思为"来自地狱的吸血鬼乌贼"，又名幽灵蛸、吸血鬼鱿鱼、吸血鬼章鱼等，它是一种存活了几千万年的远古生物，生活在热带和温带海底近千米以下的地方，那里普遍缺氧，一般生物根本无法生存，但却是它的天堂。

既不是乌贼也不是章鱼

吸血鬼乌贼的两只血红色的大眼睛在某些光线下甚至会呈蓝色。按照与身体的比例计算，它的眼睛是动物界中最大的。

❖ 吸血鬼乌贼

　　吸血鬼乌贼的体长为15厘米左右，身体呈胶冻状，像一只水母，眼睛非常大，整体外形像乌贼和章鱼，但它并不是乌贼或章鱼。因为乌贼有10条触腕，而吸血鬼乌贼却只有8条，这与章鱼非常一致，但是，章鱼的身体上没有肉鳍，吸血鬼乌贼却长着两个大鳍。科学家推测，吸血鬼乌贼是乌贼和章鱼在分化成两种不同物种前的共同祖先。

❖ 水母

❖ 吸血鬼乌贼
吸血鬼乌贼更像水母。

开"灯"迷惑敌人

吸血鬼乌贼和乌贼、章鱼不同，遇到猎食者时不能靠墨囊逃跑，它是一种发光的生物，身体上覆盖着发光器，能随心所欲地通过点亮或熄灭发光器逃跑。

吸血鬼乌贼能依靠发光器捕捉到更多的食物，在无需捕食的时候，它们一般会熄灭身上的光点，在漆黑的深海随着海流漂荡，当危险突然降临时，它们会急速打开光点，或者急速闪烁光点，用以迷惑和威慑猎食者，然后再迅速"灭灯"逃跑。

❖ 蛇颈龙化石
古代的吸血鬼乌贼生活在浅海，为了躲避当时海中的霸王蛇颈龙的攻击而慢慢潜入深海，从蛇颈龙化石的大小来推断，它比如今的吸血鬼乌贼要大上3倍，几乎有1米长。

❖ 危急时吸血鬼乌贼的触手会形成保护网

❖ 吸血鬼乌贼的一对大肉鳍

带刺的保护网

吸血鬼乌贼不仅能靠发光器迷惑猎食者，还可以使用带刺的触手保护自己。

吸血鬼乌贼长长的"手臂"上面长满钉刺，触手之间既可以互相配合着捕捉猎物，也可以在遇到猎食者时，将布满钉刺的手臂全部覆盖在身体上，形成一个带钉子的保护网，使猎食者无从下口，然后趁对方不注意，突然转身逃跑。

势头不对就逃跑

吸血鬼乌贼身上的一对大肉鳍就像翅膀一样，可以帮助它在水中游泳，而且它游泳的速度相对它的身体来说非常快，起步加速度在 5 秒内，即能达到每秒两个身长的速度。

假如在海底遇到猎食者，吸血鬼乌贼会根据具体情况使用"亮灯"迷惑敌人、用带刺的触手抵御敌人的进攻，然后急速扇动"翅膀"逃跑，在海底借助各种礁岩连续做几个急转弯后，便可以安然无恙。

吸血鬼乌贼这个名字听起来和电影中的吸血鬼一样可怕，但事实上它们很弱小，几乎只能靠捡拾海洋中的碎屑作为食物。然而，面对遍布深海中的猎食者，它们总能在危险时成功逃过被猎杀的命运。

钢铁蜗牛

钢铁蜗牛生活在印度洋海底，它是地球上唯一进化出硫化铁壳的动物，也是世界上唯一已知将铁融入外骨骼的生物。它的全身外壳闪着金属的光泽，坚韧到超过一般人的想象，因为即便是用子弹都无法将它的外壳击破。

钢铁蜗牛是一种生活在印度洋2400~2800米深的海底热泉周围的深海蜗牛，最早于2001年被发现。

海底热泉（黑烟囱）周边高压、高温、强酸性和低氧的生存环境，造就了适应这种极端恶劣环境的生态生物群，钢铁蜗牛就是其中之一。

钢铁蜗牛的螺壳宽度通常为9.8~40.02毫米，最大的可达45.5毫米，成体的平均宽度为32毫米；它们的头部长有两根光滑的、逐渐变细的触角，触角顶端长有眼睛，但是视力很弱。钢铁蜗牛的腹足呈红色，体积较大，无法完全缩回螺壳。

钢铁蜗牛全身被二硫化亚铁和有磁性的四硫化三铁覆盖，这些铁化合物来自富含矿物的海底热泉。

钢铁蜗牛的螺壳和腹足不仅坚硬，还具有韧性，像古代战士的锁子甲，最外面一层是30微米厚的铁硫化物，中间层是150微米的柔软有机层，最内是250毫米的碳酸盐矿物质层。钢铁蜗牛整个螺壳既能抵御攻击，也能吸收攻击力，除此之外，它的螺壳还具备完美的散热功能，使它能在高温的海底热泉周围自由活动。

❖ 钢铁蜗牛——正面

钢铁蜗牛是骨螺科中目前已知唯一的"同时雌雄同体"物种，这意味着它们同时具有雄性和雌性生殖器官（有些蜗牛属于"阶段性雌雄同体"）。它们具有很高的繁殖能力，所产的卵很可能是依靠卵黄提供营养。

❖ 钢铁蜗牛——侧面

❖ 海底的钢铁蜗牛

钢铁蜗牛的学名为"Chrysomallon squamiferum"（鳞角腹足蜗牛），"Chrysomallon"来自古希腊语，意思是"金色毛发"，因为它的螺壳中的二硫化亚铁呈金色；"squamiferum"来自拉丁语，意思是"长有鳞片的"。

钢铁蜗牛的触角主要起着鼻子的作用，用它可以闻到气味，因此触角上面的眼睛视力很差，它在微弱的光线下可以看得远些，在强光下面反而看不远。

钢铁蜗牛的"铁盔甲"看起来金属感十足，堪称深海"钢铁侠"。任何一种生物如果想吃掉钢铁蜗牛，最终的结局一定是自己的牙齿被崩碎一地。

美国军方曾经用子弹测试钢铁蜗牛的外壳，事实证明，普通的步枪子弹根本无法击穿它的外壳。

由于人类在海底采矿，钢铁蜗牛也面临着灭绝的危险，已被列入濒危动物名册。

钢铁蜗牛的外壳不是与生俱来的，而是经过后天的"修炼"铸造的。印度洋海底的热泉地带有丰富的矿物质，如硫黄铁、硫化亚铁等，经过长年累月的积累，使钢铁蜗牛的外壳形成了一层独特的合金膜。

钢铁蜗牛不像其他蜗牛和蛞蝓一样具有上足腺，也没有上足触手。

钢铁蜗牛的外壳还有一定的磁性，如果把两只钢铁蜗牛放在一起，它们会相互吸引。

❖ 在海底热泉口的钢铁蜗牛

123

杀人蟹

并 不 杀 人 的 杀 人 蟹

杀人蟹常被人们误认为是杀人恶魔，实际上，它根本不杀人，也不会吃人，反而因肉质鲜美而成为人们喜欢的美味。

杀人蟹的学名为甘氏巨螯蟹，是世界上已知现存体型最大的甲壳动物，主要生活在日本岩手县至我国台湾岛东北角以外的太平洋 500~1000 米深的海域。

形似长脚蜘蛛

杀人蟹是世界上最古老的动物之一，已经在地球上存在了大约 1 亿年，因形似长脚蜘蛛而得名日本蜘蛛蟹、高脚蟹。

杀人蟹的身体呈梭形，两端尖，成年蟹的壳体宽 30 厘米左右，当它们伸开蟹爪时，跨度足有 3 米多，最大的可达 4 米。它们的 10 条蟹爪既长又锐利，特别是那对螯似的钳子强劲有力。它们在水中活动时异常灵活敏捷，主要以腐肉、藻类、盲鳗、其他螃蟹及各种鱼类为食，有时为了改善伙食还会猎捕鲨鱼。

❖ 杀人蟹

早在 17 世纪，杀人蟹的名声就已经传到欧洲了。当时，德国博物学家恩格尔伯特·坎普弗尔首次记录了日本的这种特殊螃蟹。为了纪念他，1836 年，康拉德·雅各·特明克用坎普弗尔的名字命名了甘氏巨螯蟹。

❖ 被拍卖的巨型杀人蟹标本

2020 年 10 月 27 日，在英国西萨塞克斯郡，一只罕见的巨型日本蜘蛛蟹的标本（估价 8000~12 000 英镑）在 Summers Place 拍卖行被拍卖。

首领站得最高

杀人蟹生性凶狠，喜欢群居生活，并有严格的等级制度，它们靠螯钩的力量决定在群体中的地位，往往地位越高的杀人蟹，在群体中所处的地势越高，如水底岩石的最高处只能是首领的王座，其他蟹如果不长眼，敢站得比首领高，其结局就是挨揍后被首领踩在脚下。

杀人蟹平均可活百岁，一生要蜕壳 13 次，每一次蜕壳后都会变得比之前大很多，也更强壮。但每次蜕壳后，很长时间内都会变得极度虚弱，即便是首领，刚蜕壳时也只能忍受别的蟹站得比自己高，只能等到体力恢复后再伺机夺回王座。

杀人蟹并不杀人

杀人蟹不具备游泳或浮水的能力，只能在海底爬行，因此根本没有机会杀人，它们的主要食物是鱼类。它们靠灵敏的感震器官寻找猎物，一旦发现身边有猎物出现，就会冲过去，凭借天生的大长腿，快速抓住猎物。除此之外，杀人蟹还有食海洋生物腐尸的习性，所以在英文中俗称它为 "Dead Man Crab"，即食尸蟹。随着杀人蟹被世界各地的人们认

❖ 杀人蟹标本

美国自然历史博物馆 1920 年收藏的杀人蟹标本。

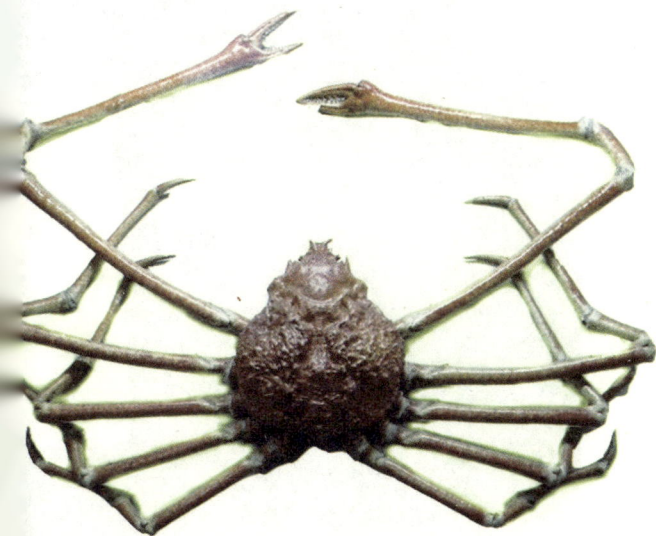

❖ 巨大的杀人蟹

❖ 圈养小母蟹

识，其夸张的体型和大长脚，演绎了很多耸人听闻的谣传，因此，"Dead Man Crab"这一俗称在国内翻译的过程中，逐渐演变成了"杀人蟹"。

事实上，杀人蟹不仅不杀人，而且还时常被渔民擒获。近年来，由于过度捕捞，杀人蟹的数量已急剧下降。

关于杀人蟹"吃人"的传言相当多，甚至有数据显示，1990—2014 年，仅日本横滨沿海一带就有 34 名渔民和 26 名游客葬身杀人蟹的腹中。

目前，世界上最大的杀人蟹的腿展开后长度为 4.2 米，体长 38 厘米，总重量为 20 千克，寿命为 100 年。

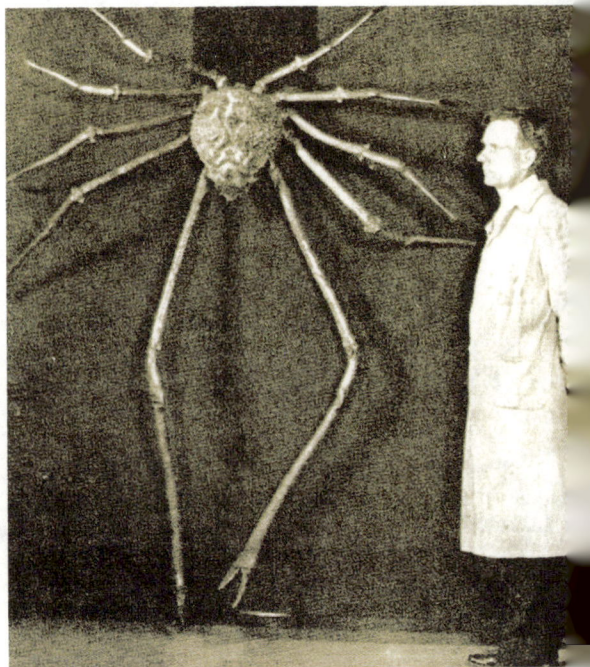

❖ 老照片：杀人蟹

银鲛

银鲛的数量曾极为庞大，它们广泛分布于全球各个海域，经历生物大灭绝后依旧顽强地活了下来，被誉为"最为古老而神秘的鱼类"。

❖ 银鲛

我国的银鲛产量极少，它主要产于南非和南美洲，年产量在300~4500吨。

银鲛俗称鬼鲨、带鱼鲨，是一种中小型的海产鱼类，主要分布于西太平洋海域。我国产于南海、东海、黄海等海域。

靠电感器官判断周边的海洋生物

银鲛大部分时间都生活在水深约2500米、接近海底的海域，有时会停在海床上休息，通过脸上的眼状电感器官来探测周边海洋生物电场的变化，分析是捕猎者还是食物。如果是捕猎者，它们会支棱起背鳍前端连接毒腺的刺，用以防御敌人；如果是小型底栖动物，银鲛就会悄悄地摸上去，一口将猎物吞下。

据媒体报道，2013年，美国国家海洋和大气管理局和印度尼西亚联合在苏拉威西岛深海进行了一项海洋勘测活动后，发布了拍摄到的深海"罕见且令人兴奋"的银鲛照片。

❖ 深海银鲛的照片

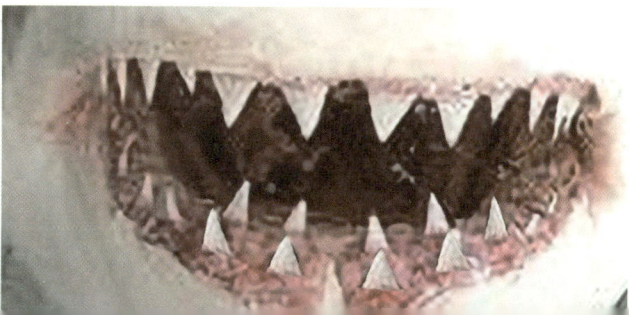

银鲛没有鲨鱼一样锋利的牙齿，取而代之的是3块坚硬的齿板。

❖ 鲨鱼的牙齿

被戏称为鲶鱼

银鲛全身灰色，光滑无鳞，身体修长，呈纺锤形，背部略呈深灰色，腹部为银白色，尾细小而尖。头部有明显的迂回弯曲沟状侧线管。它的吻部柔软（吻短而圆锥形，或延长尖突，或延长平扁似叶钩状），身上没有硬骨头，由软骨组成。

银鲛虽然和鲨鱼一样是软骨鱼类，却没有鲨鱼那样的锋利牙齿，取而代之的是3块坚硬的齿板，因为这奇怪的牙齿，银鲛在英语里被戏称为鲶鱼或兔子鱼。

带有硬骨鱼特征的软骨鱼

银鲛虽然是软骨鱼类，但它带有硬骨鱼类的特征，如鳃孔左右一对，有鳃盖，肛门与生殖口分开等。银鲛是人类研究生物进化不可或缺的重要鱼类，因此有"深海活化石"的美誉。

银鲛肉味道鲜美，可食用，有些地区作为食物出售，其肝可以制作鱼肝油，有药用价值，也可制成枪械及精密仪表的润滑油。

❖ 银鲛

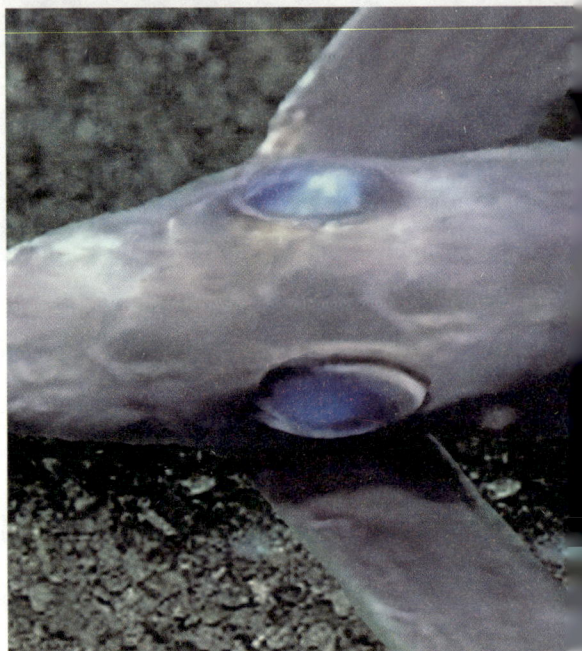
❖ 用来感应电磁场的眼状器官

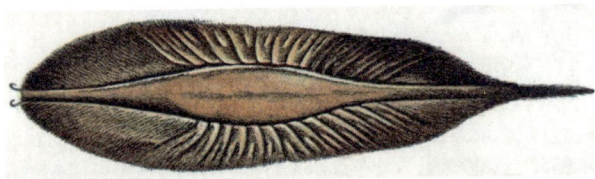
❖ 银鲛卵
在繁殖季节，银鲛会前往浅海区域进行繁殖、产卵，极易被捕捉。在新西兰，它们被大规模捕捞，被做成肉片或者鱼粉。

❖ 黑线银鲛
黑线银鲛在我国沿海很常见。

石头鱼

石头鱼貌不惊人，喜欢躲在海底或岩礁中，将自己伪装成一块不起眼的石头。如果有人不留意踩着了它，它就会毫不客气地立刻反击，背鳍棘会射出致命剧毒。石头鱼是自然界中毒性很强的一种鱼，它的"致命一刺"被描述为给予人类最疼的刺痛。

石头鱼光滑无鳞，嘴形弯若新月，鱼脊灰石色，隐约露出石头般的斑纹，圆鼓鼓的鱼腹白里泛红，主要分布于菲律宾、印度、日本和澳大利亚海域，我国盛产于台湾、江南一带。因其像玫瑰花一样长有刺，且有毒，又被称作"玫瑰毒鲉"。

石头鱼的生存技能

石头鱼形状恐怖，体貌丑陋，眼睛特别小，深凹在头顶，身体长度为30厘米，重0.5~1千克，大者可达10千克。它能像变色龙一样，随着环境的改变而改变体色，将自己伪装成一块身上携带土黄色或者橘黄色纹理的石头，躲在海底石堆、沙土或岩礁中，很难发现它们。

石头鱼平时很少活动，也很少主动攻击猎物，总是在隐藏地点，耐心等候猎物靠近，然后用它的背鳍棘（背鳍棘基部有毒腺），直接刺伤猎物，使之中毒，导致猎物瞬间瘫痪，甚至死亡。

❖ 石头鱼

石头鱼还有肿瘤毒鲉、老虎鱼、拗猪头、合笑、沙姜鲙仔等众多名字。

食用石头鱼前，需小心将它们背鳍上含有毒液的毒刺去除，千万别让它刺进皮肤。

❖ 在海底伪装的石头鱼

❖石头鱼豆腐汤

石头鱼没有其他骨刺，肉厚且多肉，常见的食用方法是煮汤和清蒸。

石头鱼浓汤味极鲜美，但是需要煮几小时。如果时间不允许，可以选择清蒸，鱼肉清蒸后，颜色很白、很鲜、很滑。

世界上最毒的鱼之一

石头鱼是世界上最毒的鱼之一，毒性绝不逊色于海蛇，其背鳍中有 12~14 根像针一样锐利的背鳍棘，鳍下生有毒腺，每条毒腺直通毒囊，囊内藏有剧毒毒液，当被背鳍棘刺中，毒囊受挤压，便会射出毒液，沿毒腺及鳍射入猎物或者入侵者体内，毒液会导致猎物瘫痪，甚至死亡。

石头鱼的背鳍棘不会主动攻击对手，仅仅是在捕猎或者防御强敌时使用。如果有人不幸被背鳍棘刺中，必须及时去往附近的医院救治。

石头鱼与海蛇，谁的毒性更强？曾有渔民出海捕鱼时，发现海蛇咬住了石头鱼，而石头鱼也咬住了海蛇，经过一段时间的纠缠之后，双方都被对方毒死了。

药用效果极佳的美食佳肴

石头鱼虽然丑陋、有剧毒，但其肉质鲜嫩，骨刺少，营养价值很高，春、夏两季最肥，入冬后鱼味更鲜。据记载，公元1880 年，晚清重臣李鸿章还曾派专员采办石头鱼，作为宴请各国驻华使节及外交官员的席上珍品。

此外，石头鱼还具有众多药用功效，如清炖石头鱼，具有营养滋补、生津、润肺、强肾和养颜的药用功效。明代李时珍撰写的《本草纲目》中就记录了石头鱼能够治疗筋骨痛，有温中补虚的功效。

石头鱼的鱼鳔晒干后，可以加工成鱼肚，用来汆汤，入口爽滑，为席上珍肴，可与上等的鱼翅、燕窝媲美。

❖伪装成石头的石头鱼

缩头鱼虱

恐 怖 的 寄 生 方 式

缩头鱼虱虽然没有科幻电影《异形》中的外星生物抱脸虫那么恐怖，但是它的寄生行为也着实能让人惊掉下巴。缩头鱼虱进入鱼口后，就会用它的腿死死地抱住鱼的舌头并慢慢吃掉，然后用自己的身体替代鱼舌。

缩头鱼虱俗称食舌虫或食舌虱，国外有部分科学家称其为贝蒂寄生虫，而那些科幻迷则称它为外星寄生虫。它是一种寄生的甲壳动物，主要分布在墨西哥、加利福尼亚湾和英国等海域。

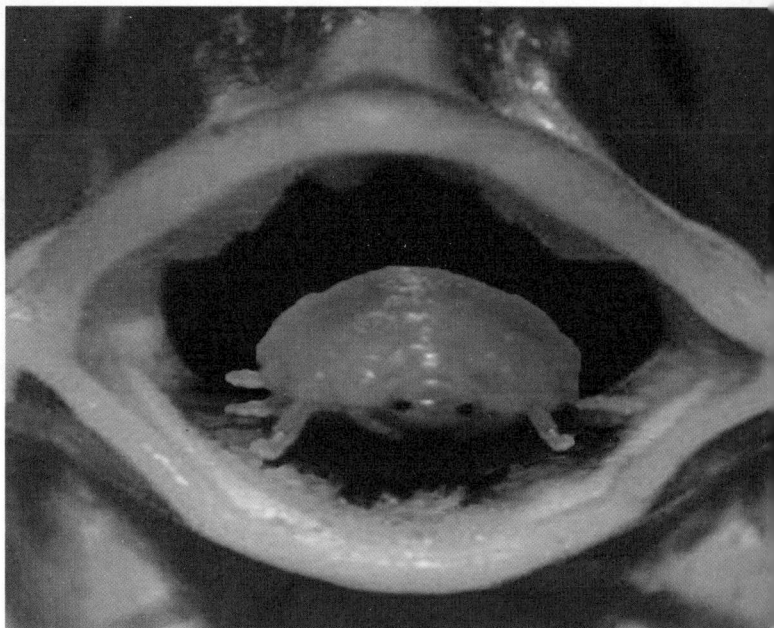

❖ 寄生鱼口的缩头鱼虱

❖《异形》中的抱脸虫

在科幻恐怖系列电影《异形》中，外星生物抱脸虫发现人类后，会突然跃起，用8条腿箍住人类的面部，然后通过血液将卵注入人体。

抱脸虫又称抱面虫，并不真实存在，在《异形1》《异形2》《异形3》《异形4》《异形大战铁血战士》《异形大战铁血战士2》《普罗米修斯》《异形：契约》等电影中先后出现。

缩头鱼虱

鱼下颌骨

❖ 缩头鱼虱

缩头鱼虱与大王具足虫长得很像。

缩头鱼虱的体长为 30~40 毫米，主要寄生在鱼类的口腔内，大多数种类寄生于咸水鱼，少数会寄生于淡水鱼。它们在幼虫时就会趁鱼类进食或呼吸时进入鱼类的口腔内，然后抱住鱼舌，吸食鱼的血液，直到鱼的舌头萎缩变小，然后将自己的尾部与已经萎缩的舌根连接起来代替鱼舌工作，由寄生转为共生。

虽然缩头鱼虱对人类并无危害，对寄主也没有太大伤害，但它会影响寄主鱼类的正常生长，并会降低寄主鱼类的寿命。

缩头鱼虱成为"鱼舌"后，会减少吸食鱼的血液，而增加吸食鱼的黏液和捕捉浮游微生物。缩头鱼虱寄生在鱼口，不会对鱼的身体造成其他伤害，甚至那些被寄生的鱼类能像以往使用舌头那样使用缩头鱼虱。因此，缩头鱼虱的寄生行为被认为是唯一已知能完全取代寄主器官的寄生方式。

隐鱼

喜剧电影《王牌贱谍：格林姆斯比》中有一个情节，两兄弟为了逃脱敌人的追杀，从大象的肛门爬进了大象的肚子里躲了起来，如此搞笑、滑稽的重口味场景，在隐鱼身上时常上演，而且情节更加曲折离奇。

❖ 隐鱼（荷姆氏隐鱼）

隐鱼也被称为潜鱼，是一种寄生性鱼类，广泛分布在印度洋、大西洋与太平洋热带海域的珊瑚礁与岩礁附近，我国澎湖海域也有分布。

天生胆小

隐鱼有多个品种，是一种很小的海洋鱼类，成体在 20 厘米上下，全身光滑无鳞，头略大，上颌骨末端裸露或隐于皮下，牙齿形状多变，通常为绒毛状或颗粒状，有时具犬齿。隐鱼身体纤细，且越往后形状越尖细，类似鳗鱼，以小型桡足类生物为食。

隐鱼约有 15 种，我国南海有细扁潜鱼、细尾潜鱼、大牙潜鱼及长臂潜鱼等。

据美国《连线》杂志报道，科学家的最新研究显示，生活在海底的隐鱼能够钻入海参的肛门内，并吞食海参的内脏和生殖腺。

隐鱼在海参肚内的行为分吃海参与不吃海参两种。这两种行为的界限并不明晰，具体情况需要根据实际情境来看。

❖ 电影《王牌贱谍：格林姆斯比》中躲进大象肚子里的场景

❖ 虫纹细隐鱼

❖ 博拉隐鱼

❖ 被珍珠母覆盖的隐鱼尸体

除了海参外，隐鱼也寄生在海星及大型双枚贝的体内，曾有人在牡蛎壳中发现完全被珍珠母覆盖的隐鱼尸体。

❖ 隐鱼钻入海参肚子里

隐鱼可以直接头朝前钻入海参的肛门内，也可以尾巴朝着海参的肛门，再慢慢"倒车入库"。

隐鱼天生胆小，而且体型小，战斗力低下，总是成为捕猎者的猎杀目标。为了活命，它们"绞尽脑汁"，在发现海参具有"变色"和"再生"的能力，而且在海底环境中天敌很少后，隐鱼"想"出了一个绝招——躲到海参的肚子里。

钻入海参的肚子

要想钻进海参的肚子里可不是一件容易的事，隐鱼需要在海底寻找到体型足够大的海参，然后再嗅闻气味找到海参的肛门，之后便长时间在肛门处活动，使海参习惯无恶意的隐鱼存在，这样才能使海参不紧张，因为海参的呼吸器官在肛门里，靠扩张和收缩来呼吸，因此，隐鱼会在海参放松警惕后，仗着身子修长的优势，顺着海参一呼一吸的过程，钻入海参的肛门，躲进海参的肚子里。

舒适的"移动住宅"

隐鱼躲在海参的肚子里就如同躲在"避险洞"里，只有觅食的时候才会出来活动，如果不想出来觅食，靠着吃海参的内脏和生殖腺也能生存，因为海参有超强的再生能力，被吃掉的内脏总会再长出来。

对隐鱼来说，海参的肚子就是一座安全、舒适的"移动住宅"，因此，它不仅会邀请"朋友"进"屋"参观、炫耀，还会带着配偶在屋里交配，雌鱼会待到产卵后才会离开海参的肚子。

隐鱼以寄生海参为主，只有少数种类不愿意通过肛门进入海参体内寄生，它们在海底顽强地生存着，靠珊瑚礁以及海底礁岩躲避天敌。

向导鱼

鲨鱼是海洋中的冷血杀手，它敢猎杀海洋中几乎所有带血的生物。然而，向导鱼却能轻松地在鲨鱼身边活动，甚至自由进出鲨鱼的口腔，不仅不用担心鲨鱼会伤害自己，在遇到危险的时候，鲨鱼还会像保护朋友一样第一时间保护向导鱼。

❖ 1877 年《不列颠群岛鱼类图谱》中的向导鱼

向导鱼又称导航鱼、引水鱼、舟鲕、领航鱼等，主要栖息于热带和暖温带外海，有与大型鲨鱼、虹鱼、海龟等海洋生物共生的习性。

向导鱼幼鱼常会在水母附近游动，靠水母的触须躲避捕猎者。

无人敢惹的"狠"人

向导鱼的体长仅 30 厘米左右，体表为银色，青背白肚，身体两侧有 5~7 道黑色条纹，常聚成小群跟随在鲨鱼左右。

鲨鱼的性情凶猛，能一口就吞下成群的小鱼，是不折不扣的海中猎杀者。但是，鲨鱼不仅不会伤害跟随它的向导鱼，而且在向导鱼遇到其他捕猎者的时候，鲨鱼还会张开嘴，让向导鱼躲进嘴里。

❖ 躲在鲨鱼口中的向导鱼

❖ 与海龟同游的向导鱼

向导鱼就是这么牛气，它们不仅有鲨鱼这样的"大哥"罩着，还有鲸、虹鱼、海龟等"兄弟"，因此，别看向导鱼的个头不大，在海底也是个无人敢惹的"狠人"。

鲨鱼最亲密的伙伴

向导鱼为了能获得鲨鱼以及其他"兄弟"的保护，它们的付出也很多，需要经常替"大哥"以及"兄弟"打扫皮肤卫生（就是吃掉它们身上的寄生虫等），或者游入它们的口腔中，替它们把牙齿上的残羹清理干净。此外，鲨鱼的视力不好，向导鱼还会为鲨鱼寻找鱼群，然后带领鲨鱼去捕猎，鲨鱼则会与向导鱼分享撕碎的鱼。向导鱼也因为给鲨鱼寻找鱼群的行为而得名，成了鲨鱼最亲密的伙伴，在海底无鱼敢惹。

❖ 与鲸同游的向导鱼

鿕鱼

鿕鱼是一种神奇的鱼，它们生性懒惰，游泳能力极差，但是却能依靠头顶独有的秘密武器——吸盘，吸附在其他大鱼身上"搭便车"，在海里"长途旅行"，到达大多数鱼都到达不了的地方。

❖ 古图：鿕鱼

❖ 烟台长岛海边的鿕鱼献玺雕塑

鿕鱼又名印鱼、吸盘鱼、粘船鱼，喜欢吸附在鲨鱼、海龟等大型海洋生物身上周游四海。它是世界上公认的"免费旅行家"，也是世界上最懒惰的鱼，广泛分布在世界上的热带、亚热带和温带海域。

很早就被记载

我国很早就有人注意到了鿕鱼。传说，李世民率兵抵达山东烟台长岛附近的海域时，不慎将玉印掉进了海里，众人久捞不得，这时，一条大鱼浮出水面，头顶着玉印，将玉印还给了李世民，李世民问将士此鱼的名字，将士奏曰，鱼头顶上有一处印痕，应该是被玉印压的，于是李世民赐名"印鱼"。印鱼的名字流传至今，后人在印字的左边加了一个鱼字旁，称其为鿕鱼。

除此之外，清代聂璜绘制的《海错图》中记载了福建海域有一种"顶甲鱼"，与鿕鱼长相十分相似。

鿕鱼献玺

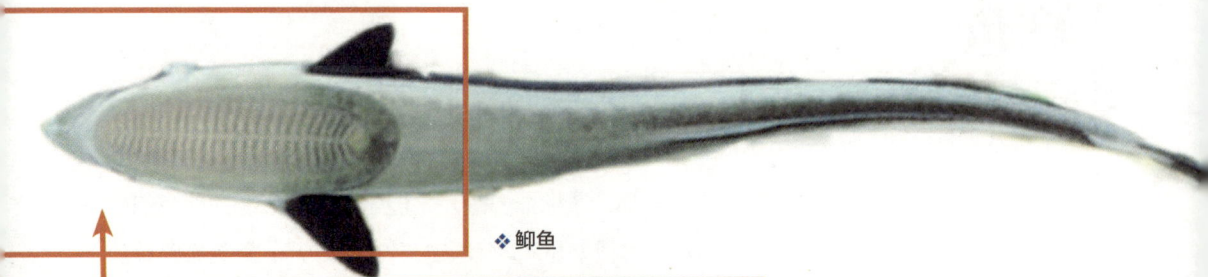
❖ 鮣鱼

❖ 鮣鱼头顶的吸盘
鮣鱼头顶的吸盘通常由22~24对软质骨板组成，像百叶窗一样排列，周围还有一圈既薄又富有弹性的皮膜，类似双面胶，一旦被其吸住，就很难将其分离。

"搭便车"的秘密武器

《海错图》中这样描述顶甲鱼：
"一方骨深陷头上，中有楞列刺，活时翻抛石上，其顶紧吸，虽两三人不能拔起。"这里的顶甲鱼就是鮣鱼。

❖《海错图》中的"顶甲鱼"

鮣鱼的身体细长，一般体长为22~45厘米，最大体长约达1米。鮣鱼的头部扁平，向后逐渐呈圆柱状，头顶有一个大大的吸盘（是由第一背鳍进化而成）。鮣鱼的游泳能力很差，吸盘就是鮣鱼用来"搭便车"的秘密武器。

平时，鮣鱼安静地待在海底或吸附在岩石、珊瑚礁、沉船等较为平整的表面。当有大的海洋生物，如鲨鱼、蝠鲼、海龟甚至鲸游过时，鮣鱼便会一跃而上，利用头顶的吸盘并借助大气和水的压力，牢固地吸附在它们的身体上，即便是被吸附者前进速度很快，也无法将它们甩落，只能无奈地带着鮣鱼游动。鮣鱼就这样在海底不断地免费换"乘"，去往不同的海域享受美味。

❖ 吸附在海龟背上的鮣鱼

鮣鱼还是渔民的捕鱼工具

　　鮣鱼头顶的吸盘的吸力十分强劲，任凭宿主如何扭动或海水冲刷都能牢牢地吸住。因此，在我国东南沿海和东南亚地区，鮣鱼还成了深受渔民喜欢的捕鱼工具。渔民们会提前捕捉大量的鮣鱼，用绳子绑住尾鳍，然后将它们吸附在渔船的外侧，或者将它们统一放在船舱中。渔船航行到大鱼出没的海域后就停住。一旦有大鱼或者大龟等从渔船边经过，吸附在渔船外侧的鮣鱼就会一哄而上，吸附到大鱼或者海龟的身体上，这时，渔民只需拉动绑在鮣鱼尾鳍上的绳子，就能将鮣鱼以及鮣鱼吸附的大鱼或者海龟慢慢地拖上渔船。

❖ 魔鬼鱼身上的鮣鱼

豆蟹

豆蟹的长相和大部分螃蟹没有太大区别，但是它的习性却与很多螃蟹不同，它是一种超小的蟹，海中很多螃蟹都是以贝类为食，而豆蟹不仅不吃贝类，而且还以贝类的壳为城堡，寄生其中，成为贝类的守卫者。

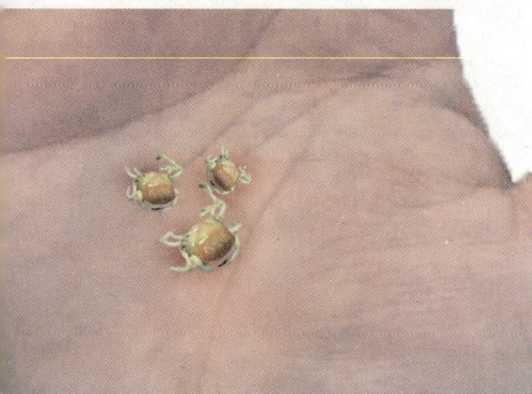

❖ 放在手心的豆蟹

豆蟹的种类很多，在大西洋沿岸和我国沿海都能见到它们的身影。它们是生活在浅海、浅滩的一类小型螃蟹，形状如大豆，颜色浅黄，大小只有 1~2 厘米，称得上是螃蟹中的侏儒，是世界上最小的螃蟹。

贝类是豆蟹的城堡

豆蟹的体型很小，无法像其他螃蟹那样扛着大钳子主动去捕猎，更无法抵御掠食者的进攻，然而，它们却有自己独有的生存技能——选择贝类作为寄生、共栖的对象。

豆蟹会常年生活在贝类的贝壳之中，在贝壳张开壳时，它们会沿着贝壳巡视，或者趁机到贝壳周边寻找微小生物或有机碎屑来充饥；当发现强敌靠近时，豆蟹会机警地爬进贝壳，并用力搅动贝肉，贝类收到信号后会立刻闭合贝壳，豆蟹躲在闭合的贝壳中，犹如在城堡中一样安全。

守卫城堡，驱赶红螺

豆蟹将寄生的贝类当成自己的家园，一切入侵行为都是不允许的，但是，即便守卫再严密，也会有疏忽的一天。比如，红螺常

❖ 豆蟹

会慢吞吞地朝贝类移动，以至于机警的豆蟹常常会忽略红螺的危险，红螺一旦靠近贝类后，就会迅速分泌出一种能麻痹贝类闭壳肌的毒液，让贝类的壳不能合拢，每当遇到这种情况，豆蟹都会扬起双螯，帮助贝类驱赶红螺，拼死保卫它们的家园不被入侵者吃掉，直到贝类慢慢从麻痹中苏醒，然后再退入壳内并关上壳。

如果红螺长时间不离去，贝类长时间不张开壳，豆蟹也不会担心，它们可以以贝类的粪便和肉为食。

贝类坚硬的外壳可以替豆蟹抵御敌害，机警的豆蟹也为贝类充当着守卫。它们之间配合默契，相互利用。然而，豆蟹寄生于贝壳（牡蛎、江瑶、扇贝、贻贝等）中，夺取宿主食物，妨碍宿主摄食，使宿主身体瘦弱，影响产量和贝类的质量，因此，对水产养殖户来说，豆蟹是一大敌害。

被豆蟹寄生后，贻贝肉的重量会减少约50%，扇贝无论肉质还是重量都会显著降低；牡蛎被牡蛎豆蟹寄生后的感染率高达90%，翻开牡蛎壳，常能见到4、5只牡蛎豆蟹寄居其中，它们的活动还会使牡蛎由雌变雄，发生奇妙的性别转换现象。

扇贝的外形像一把打开的折扇，它的闭壳肌晒干后就是一种名贵的海珍品——干贝。

❖ **水母中的豆蟹**
豆蟹是一种寄生型生物，在辽阔的大海里，它们不仅寄生在贝壳中，还常常选择水母、海葵及棘皮生物作为自己的宿主。

❖ **牡蛎豆蟹**
牡蛎豆蟹的雌体见于北美洲大西洋沿岸的牡蛎壳内。

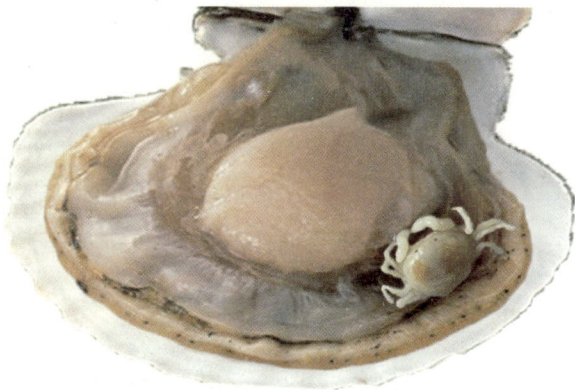

❖ **扇贝中的豆蟹**
如今，对于豆蟹的寄生生物学及防治方法的研究报道尚少。寄生在我国贝类中的豆蟹有4种：中华豆蟹、近缘豆蟹、戈氏豆蟹、玲珑豆蟹。

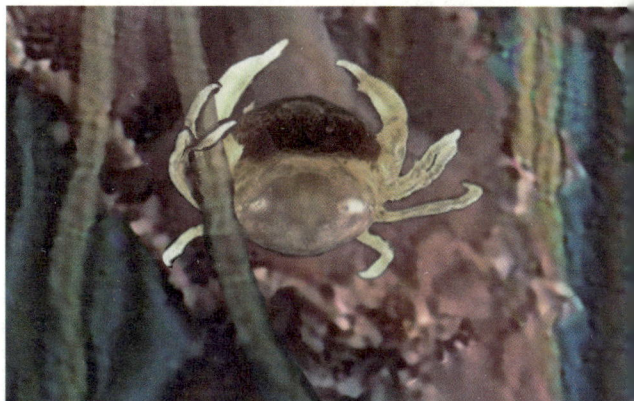

鳐鱼

韩 国 人 的 特 色 美 食

鳐鱼是一种古老的鱼类，是鲨鱼的近亲，又名"平鲨"，它的营养价值和口味并不是很高，而且还有点"臭"，但是却常被制作成各式各样的佳肴，尤其是韩国的"鳐鱼三合"，更使其"臭"名远扬。

鳐鱼的名字五花八门，如老板鱼、劳子鱼胆、燕子花鱼、黑虎、双头花鱼等，广泛分布于从热带到近北极、从浅海到 2700 米以下水深的海域。

鳐鱼是"拍扁"的鲨鱼

鳐鱼是典型的软骨鱼类，是多种扁体软骨鱼的统称。小鳐鱼成体仅 50 厘米，大鳐鱼可长到 2.5 米。在近 2 亿年前，鳐鱼与鲨鱼是同类，但为了适应海底的生活，它们长期将身体隐藏在海底沙地里，慢慢进化

虹鱼和鳐鱼的区别：虹鱼的尾为尾鞭型，无鳍；而鳐鱼则为有鳍尾，一般为歪形尾。鳐鱼和蝠鲼的长相非常相似，蝠鲼具有头翼，这是虹鱼和鳐鱼缺少的。

鳐鱼以软体动物、甲壳类和鱼类为食，由上面突然下冲，捕捉猎物。

鳐鱼的身体一圈长着扇子一样的胸鳍，尾鳍退化得又细又长，靠胸鳍波浪般地运动向前行。

❖ 看似微笑的鳐鱼

❖ 趴在海底的鳐鱼

鳐鱼刺很少，中间有一条大骨，分出来一些软骨鱼刺，嚼起来"咯吱、咯吱"的。

全球的软骨鱼大约有550种，其中370种是鲨鱼，除此之外，大部分软骨鱼都是身体扁平的鳐鱼家族成员。

鳐鱼的大脑发达，比硬骨鱼还要高级。它们的大脑体积大，大脑顶部也出现了神经物质。

鳐鱼没有膀胱和肾，只能通过皮肤来排尿，所以鳐鱼皮是有毒的，须经过发酵处理。

成"拍扁"的鲨鱼模样。鳐鱼的身体扁平，呈圆菱形，胸鳍宽大，由吻端扩伸到细长的尾根部。

鳐鱼常年栖息于水底的沙中，或像大鸟一样在水里呼啸着游来游去，甚至可以急速冲出海面，靠胸鳍"飞行"。

类似厕所味的美食

我国有许多烹饪鳐鱼的方法，如红烧、油炸等。不过说到吃鳐鱼，韩国人当仁不让是最牛的，因为他们的吃法很独特。

韩国最有名的美食是泡菜，除了泡菜外，那就数鳐鱼了。韩国人会将新鲜的鳐鱼发酵后再食用。鳐鱼的肉本身就有

❖ 鳐鱼卵

鳐鱼均为卵生、卵胎生或假胎生，体内受精，体外发育或体内发育。产卵量小，但成活率高。其卵又称"美人鱼的荷包"，常见于海滩，长方形，有革质壳保护。

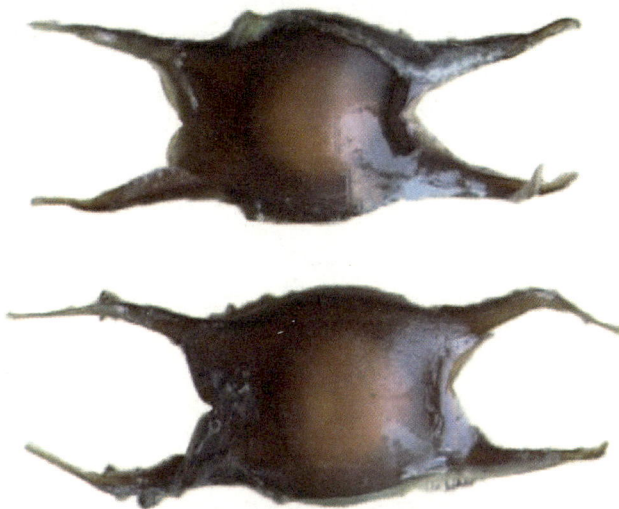

143

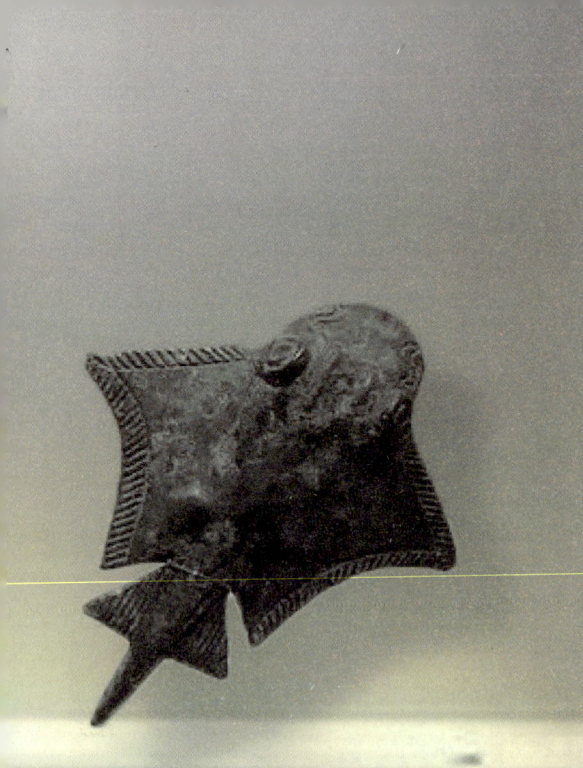

❖ 出土的鳐鱼形铜器

❖ 鳐鱼三合

在朝鲜半岛，新鲜鳐鱼是非常珍贵的鱼，在那个没有冰箱的年代，渔民们发现鳐鱼是唯一一种无须经过腌制就能久放后还能吃的鱼。

一种怪味道，曾拥有过世界第二臭食物的"雅号"，其臭味大概是纳豆的100倍，再经过发酵，那个味道比臭豆腐还要臭。不过，韩国人很爱这种味道，他们会用烤制的五花肉和辣白菜包裹腌制的鳐鱼肉，然后一同入口，这种吃法叫作"鳐鱼三合"或"洪鱼脍"，而且"鳐鱼三合"是韩国人宴请宾客、婚丧喜庆等重要节日必备的美味佳肴。

如果大家去韩国旅游，可以去观摩、挑战一下这道奇"臭"无比的"极品"佳肴。

❖ 鳐鱼干

鳐鱼除了腌制和直接烹饪之外，还可以晒干后再食用。

波士顿龙虾

波士顿龙虾是一种美味的海鲜，它的肉质细嫩，味道鲜美，是众多海鲜里的佼佼者。然而，17世纪，在英国殖民者刚到达美洲时，有钱人和殖民者根本不屑于品尝它，它只是穷人的食物，以至于穷人和工人常常为了拒绝或者减少吃波士顿龙虾的机会而罢工。

波士顿龙虾生活在寒冷海域，所以生长得特别缓慢，一只波士顿龙虾7~10年才能长1磅（约453.6克）。它的肉具有高蛋白、低脂肪的特点，同时也具有维生素A、维生素C、维生素D及钙、钠、钾、镁、磷、铁、硫、铜等丰富的微量元素，尤其富含不饱和脂肪酸。

电影《西虹市首富》中最让人印象深刻的应该是沈腾饰演的富豪享用的那只红彤彤的大龙虾，隔着荧幕都让人忍不住流下口水。这只大龙虾就是波士顿龙虾，事实上，它即非龙虾，也非产自波士顿。

并非真正龙虾

波士顿龙虾又称为美洲龙虾，它并非真正的龙虾，它与真正的龙虾的区别：真正的龙虾壳大且壳上长满刺，触须较长，没有大钳子，通体呈红色；而波士顿龙虾一般体长为

波士顿龙虾与龙虾最明显的不同是有一对超大的钳子。

❖ 波士顿龙虾

以澳洲龙虾为例，其壳上多刺，触须较长，没有大钳子。

❖ 澳洲龙虾

20～60厘米，最长可达106厘米，体重最大达20.14千克，外壳光滑，触须较短，有两只大钳子，大多为橄榄绿色或褐色，只有在烹饪后才会变成红色。

产地并非波士顿

波士顿龙虾的原产地并非波士顿，而是美国的缅因州与马萨诸塞州，以及加拿大的纽芬兰与拉布拉多，最初它们被叫作缅因龙虾和加拿大龙虾。因为波士顿是美国的海产贸易中心，加上当地有各种各样的海鲜节，因此大量的美洲龙虾都会聚集到这里交易，而所有在波士顿销售的美洲龙虾都被水产贸易商统一称作波士顿龙虾，分销到了世界各地。

曾经不受人待见

波士顿龙虾喜欢栖息在浅海的礁岩中或沙砾质海底，主要以贝类、鱼类和其他小型甲壳动物为食。

波士顿龙虾曾一度在美洲泛滥。1607年，英国殖民者到达北美洲，但是他们并不喜欢吃海岸线上随处可见的波士顿龙虾，即便是非常缺乏粮食的时候也很少食用它们。

随着英国加快对北美洲的殖民，粮食愈发稀缺，遍地的波士顿龙虾被迫成了工人、囚犯和穷人的口粮，以至于工人常常为了拒绝吃波士顿龙虾而罢工。

❖ 波士顿龙虾广告
在美国和加拿大，随处可见关于波士顿龙虾的广告、招贴和雕塑等。

❖ 大个头的波士顿龙虾

❖ 渔民捕捞满船的龙虾

英国历史学家曾这样描述："在盛产龙虾的季节里，偶有巨浪，被冲到岸边的龙虾可以堆到2英尺（0.6米）高，犹如海里的蟑螂……"以至于美洲东海岸渔民每次出海捕鱼，捕捉回来的往往是一大船龙虾。

❖ 加拿大的龙虾塑像

加拿大的龙虾产量比美国的产量还要大，但是早期渔民将打捞起来的龙虾全部运输到波士顿再销往全球，因此与缅因州等地的龙虾统一称为波士顿龙虾。

❖ 捕捞龙虾的渔民

❖ 大厨在料理波士顿龙虾

直到18—19世纪，随着香料进入平常百姓家和烹饪技术的提高，波士顿龙虾才逐渐被人们接受。随后，廉价的波士顿龙虾被名厨们精心烹饪，并端到高级酒店的餐桌上，供达官贵人们享用。如今，波士顿龙虾已然成为一道美味佳肴，走进了千家万户。

> 肯尼迪·威尔斯在他的《爱德华王子岛的渔业》一书中有这样一段记述："劳工和家仆们经常抱怨每周不得不吃好几次波士顿龙虾，以至于在雇主与他们签订劳动契约时约定，波士顿龙虾在早餐或晚餐里不得超过每周一次。"

> 1891年，美国人发明了龙虾罐头。罐头作为一种便于储存和携带的载体，为波士顿龙虾的广泛传播创造了客观条件。

> 在17世纪，美洲的工人、农民常需要和雇主抗争，才能减少吃波士顿龙虾的次数，而且还在合约中注明一周吃波士顿龙虾的次数绝不能超过3次。

❖ 波士顿龙虾馆

鲍鱼

"海 八 珍" 中 的 极 品

鲍鱼是中国传统的名贵食材，其肉质鲜美，营养丰富，是"鲍、参、翅、肚"四大海味之首。自古以来，鲍鱼一直是各个朝代皇室贵族、社会名流钟爱的一道美味佳肴，现如今，鲍鱼又因经常成为国宴及大型宴会时的重要食材而成为我国经典国宴菜品之一。

❖ 鲍鱼

我国渤海湾产的鲍鱼叫作皱纹盘鲍，个体较大，东南沿海产的叫杂色鲍，个体较小；西沙群岛产的半纹鲍、羊鲍是著名的食用鲍。

鲍鱼靠着粗大的足和平展的跖面吸附于岩石之上，爬行于礁棚和穴洞之中，其肉足的附着力相当惊人，一只壳长 15 厘米的鲍鱼，其附着力可高达 200 千克，任凭狂风巨浪袭击，都不能把它掀起。

鲍鱼古称鳆鱼，又名海耳、镜面鱼、九孔螺、将军帽等，全世界有 90 多种鲍鱼，它们的足迹遍及太平洋、大西洋、印度洋。

海洋"软黄金"

鲍鱼名字中虽有一个鱼字，其实并不是鱼，而是指一种原始的海洋贝类，主要生活在暖海低潮线附近至 10 米左右深的礁岩或珊瑚礁质海底，以盐度较高、水清和藻类丛生的环境作为栖息地。

鲍鱼只有半面右旋外壳，大的似茶碗，小的如铜钱，形似耳朵，因此被人们称为"海洋的耳朵"。鲍鱼的壳坚厚，扁而宽，呈椭圆形，表面呈深绿褐色，壳内侧紫、绿、白等色交相辉映，珠光宝气，壳的边缘有 9 个孔，所以它又被叫作"九孔螺"。

❖ 鲍鱼壳有 9 个孔

❖ 美味的鲍鱼

鲍鱼被壳包裹的身体呈椭圆形，肉质柔嫩细滑，滋味极其鲜美，非其他海味所能比拟，科学家研究显示，新鲜鲍鱼可食部分约含有蛋白质 24%、脂肪 0.44% 以及多种维生素和微量元素，是一种对人体非常有利的高蛋白、低脂肪食物，因此，它被誉为"海洋软黄金"。

鲍鱼价格昂贵，历来被称为"海味珍品之冠"，素有"一口鲍鱼一口金"之说。

鲍鱼的等级按"头"数计，每司马斤（俗称港秤，约合 655 克）有"2头""3头""5头""10头""20头"不等，"头"数越少，价钱越贵，即所谓"有钱难买两头鲍"。

"鲍鱼"一词的变迁

鲍鱼是中国传统的名贵食材之一，但古时候的"鲍鱼"并非如今的鲍鱼，而是指腌制的咸鱼，一般作为穷苦人民的食物，甚至被认为是低贱的食材。姜子牙就曾经反对周武王吃鲍鱼。汉代贾谊在《新书·礼》中就有这样的记载：昔周文王使太公望傅太子发，太子嗜鲍鱼而太公弗与，曰："礼，鲍鱼不登于俎，岂有非礼而养太子哉？"意思是周武王爱吃鲍鱼，而姜子牙不让他吃，理由就是不符合"礼"，因为"鲍鱼"（咸鱼）不能用于祭神，不是正统的食物，太子身份高贵，所以不能吃"鲍鱼"（咸鱼）。

鲍壳是著名的中药材——石决明，古书上又叫它"千里光"，有明目的功效，因此得名。

孔子曾与曾子对话："与不善人居，如入鲍鱼之肆，久而不闻其臭，亦与之化矣。"意思是和品行低劣的人在一起，就像进入了卖咸鱼的作坊，时间长了就闻不到臭，融入环境里了。孔子将品行低劣的人比作"鲍鱼"（咸鱼）。这个故事就是有名的成语"鲍鱼之肆"的来源。

一直到春秋时期齐国大夫鲍叔牙的出现，"鲍鱼"才从咸鱼变成了鲍鱼（盾鱼）。鲍叔牙就是"管鲍之交"这个成语典故里的主人公之一，传说他酷爱一种美食——盾鱼，也被称作鳆鱼，鲍叔牙曾在公开场合表示，他一生有两大快事："一为食盾鱼，二为饮玲珑。"在鲍叔牙的大力推荐下，盾鱼逐渐被大家接受，成了当时的贵族喜爱的食材，盾鱼也因为鲍叔牙爱吃而被称为鲍鱼。虽然"鲍鱼"之名早在春秋就已经出现，但是人们依旧喜欢以盾鱼、鳆鱼等其他名称称呼它，直到明清时期，"鲍鱼"之名才被广泛使用。

古时，天子祭祀用的是牛、羊、豕，平民会用鸡和鱼，这些食物才是正宗的食物。"鲍鱼"（咸鱼）不在其中，很不受待见。更何况是当时的太子周武王呢，肯定是不能吃如此低贱的食物的。

鲍叔牙

❖ 鲍叔牙

鲍叔牙（？—公元前644年），姒姓，鲍氏，名叔牙，鲁国平阳（今山东省新泰市汶南镇鲍庄）人，春秋时期齐国大臣，大夫鲍敬叔之子。他知人善任，推荐挚友管仲为相。在鲍叔牙的协助下，管仲实行了治国之道，促进齐国迅速由乱转治，由弱变强。齐桓公三十年（公元前656年），参与"召陵之盟"，使齐桓公成为"春秋五霸"之一。

帝王、贵族们的奢侈美食

三国时期，曹操对鲍鱼情有独钟，以至于他死后，他的儿子们常以鲍鱼当作祭品。据记载，曹植在祭奠曹操时献上鲍鱼并朗读祭文："先主喜食鳆鱼，前已表徐州臧霸送鳆鱼二百。"

鲍鱼在当时是很高端的食材，曹丕称帝后，为了拉拢孙权对抗刘备，曾将自己喜爱的鲍鱼送给孙权，据《太平御览》中记载，曹丕曾派人送给孙权"鳆鱼千枚"。

就这样，鲍鱼在三国时期的曹操、曹丕、孙权等帝王、贵族们的追捧下，价格直线飙升，以至于后来的《南史·褚彦回传》中有这样记载："时淮北属魏，江南无复鳆鱼，或有间关得至者，一枚直数千钱。"

无法阻挡食客的喜爱

鲍鱼逐渐成了帝王、贵族们的奢侈美食，到了唐宋时期，鲍鱼的价格更是高得惊人，然而，即便是一只鲍鱼数千钱的高价，也无法阻挡美食者对它的喜爱。

东坡肉的发明者、大美食家苏东坡在品尝过鲍鱼之后，曾作诗《鳆鱼行》称赞："膳夫善治荐华堂，坐令雕俎生辉光。肉芝石耳不足数，醋芼鱼皮真倚墙。"大概的意思是鳆鱼（鲍鱼）的美味胜过肉芝石耳、醋芼鱼皮，一旦吃过就难以忘怀……

❖ 礁石上的牡蛎

《后汉书》有"南蛎北鳆"的说法，认为二者相仿，并称美味。"南蛎"就是牡蛎，又叫生蚝，是一种软体动物，身体呈卵圆形有两面壳，生活在浅海泥沙中，肉味鲜美。

鲍鱼雌雄异体，可它们通常不进行交尾。每到繁殖季节，性腺发育成熟的雌、雄鲍鱼就像海胆一样，将精子和卵子排放到海水里。受精卵孵化后，经过浮游的担轮幼虫和面盘幼虫阶段后沉到海底，变成幼鲍。

❖ 干鲍鱼

"干鲍鱼"因产地和加工的不同，又被称为"网鲍""窝麻鲍""吉品鲍"，以及鲜为人知的中国历代朝廷贡品"硇洲鲍"等。

元朝生活百科全书《居家必用事类全集》中还详细记载了鲍鱼的做法，可见古时候鲍鱼在上流社会中非常流行。

大型国宴的必备食材

在明、清之前，鲍鱼一般仍然称为鳆鱼，而很少在资料中出现鲍鱼一词。直到清朝开始，鲍鱼一词才被广为使用。有记载，康熙御驾亲征噶尔丹，平定叛乱后，在庆功宴上将鲍鱼作为对有功将士的赏赐，并说道："朕御驾亲征，多得各位卿家臂助，故赏每人'御膳亲蒸'鲍鱼一只。"

至此后，鲍鱼被列为清廷御膳房宫宴必备珍品，后来更发展出皇宫"全鲍宴"。民国时，鲍鱼成了官家名菜，其中最有名的就是"谭家菜"，是当时鲍鱼的典范之作。

中华人民共和国成立后，鲍鱼又成了大型国宴的必备食材。1972年，周总理就曾用鲍鱼招待过美国总统尼克松，以展示中国人的好客和中华美食的博大精深。

各朝代的御膳房都是朝廷最高级别的宫宴后厨，其选材也是最高级别的，而"全鲍宴"则是御膳房的招牌御膳。

据说清朝时，沿海各地大官朝见时，大都以进贡干鲍鱼为礼物，一品官吏进贡一头鲍，七品官吏进贡七头鲍，以此类推。